U0047867

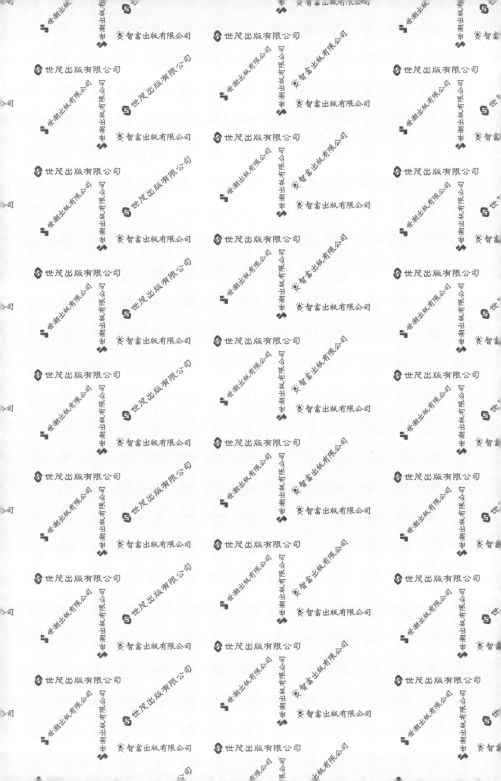

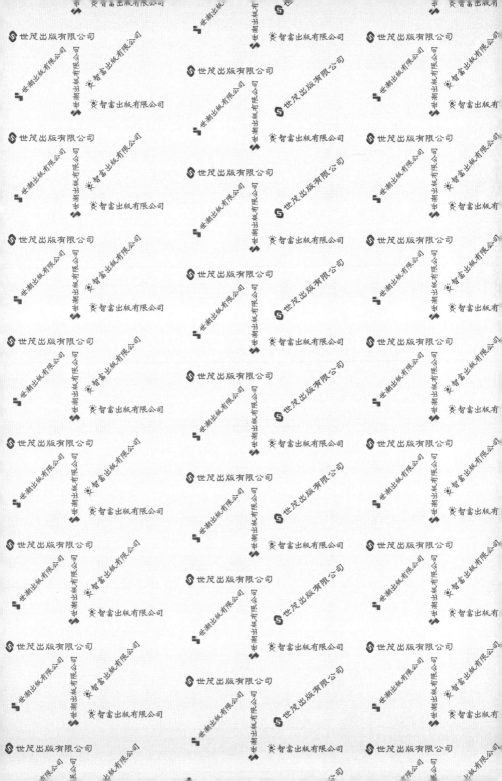

3小時讀通

漫畫版

神經傳遞物

野口哲典◎著

曾心怡◎譯

　　不好意思，一開始就要從筆者我個人課題切入。我經常會陷入無法自拔的憂鬱狀態，感到深深的不安。嚴重時，甚至什麼都無法做，只能躺在床上。

　　也許我罹患了輕度的憂鬱症。之所以會寫輕度，是因為還沒有到不吃藥就無法工作的地步。

　　我知道自己憂鬱的原因，是因為每天的壓力與對未來感到不安所累積造成的。若能趕快消除造成這些壓力與不安的原因，就能立刻驅散我的憂鬱，但是可悲的是，在現實環境中做不到。

　　憂鬱症狀嚴重時，我不僅失去動力，還會認為自己是個不管做什麼都做不好的沒用傢伙。心中常常感到像是有鉛塊塞住的感覺，沉重得令人難以逃脫。一言以蔽之，就是莫名奇妙、痛苦得不得了。

　　像這種時候，我常常會思考一件事，那就是為什麼我無法控制這樣的情緒變化呢？除了憂鬱的情緒，我好希望能主動控制所有悲傷、憤怒等負面情緒。但是要能做到這樣，首先必須先了解產生這些情緒的機制。

　　我們的心靈在哪兒呢？喜歡、討厭、害怕、憤怒、悲傷、喜悅等情緒是從哪兒來的？又是如何產生的呢？這是自古以來人們一直在探究的大謎題。

過去人們認為，我們的心靈就在心臟，後來隨著腦科學的進步，慢慢了解到心靈其實是因為大腦的運作而產生的，而且已經確切明瞭一種稱為神經傳遞物的化學物質，在其中佔了重要的角色。

人為什麼會憂鬱呢？原因是一直處於壓力狀態，破壞了腦內神經傳遞物的平衡。神經傳遞物正如其名，是神經為了傳遞各式各樣訊息的化學物質。研究發現，罹患憂鬱症，是因為神經傳遞物的血清素和正腎上腺素（又稱「去甲腎上腺素」）的作用衰弱所導致。

神經傳遞物是腦部正常活動所不可或缺的化學物質，人們進一步了解，原來神經傳遞物和心靈息息相關。

人類各種情緒及心靈活動，都是由大腦所運作的神經傳遞物種類及量所決定。血清素和正腎上腺素變少，就會產生憂鬱症。

本書在解說大腦基礎知識的同時，嘗試將神經傳遞物的各種功能，做簡單易懂的說明。可惜的是，就算了解神經傳遞物的功能，也無法自主掌控這些物質。我們沒辦法因為感到憂鬱，就立刻增加血清素的分泌，讓心情轉變。但是，客觀的了解自己心中之所以會產生這些情緒，是因為某些神經傳遞物的作用，明白大腦如何運作，這決不會是白費力氣。甚至可以這麼說，所謂的情緒，或許不過是大腦和神經傳遞物所創造出來的幻想。

偶爾讓自己不要隨著莫名的情緒波動而起伏，客觀重新思考，如果能夠這樣換個角度思考，心裡應該就會變得比較沉穩。

人類進化為地球上最高度智慧的生物，進化的

結果讓人們表現出其他動物所沒有的豐富情感，這樣的情感是生存在這個複雜社會所必需的溝通之道。

　　人類和機器人最大的不同，是擁有心靈。心靈擁有豐富的情感，這是人類所特有的。正因為如此，與這些情緒和平共處，或許是人生最為重要的課題。

野口哲典

CONTENTS

CONTENTS

第  章

大腦機轉與心靈

　　心靈在哪個部位？有史以來，許多哲學家和科學家就不斷地在追尋這個問題，結論是，心靈位於大腦。那麼，大腦和心靈是如何連結的呢？本書開頭的第一章就要為各位讀者解說大腦的機轉。

爸爸和媽媽好像在吵架。

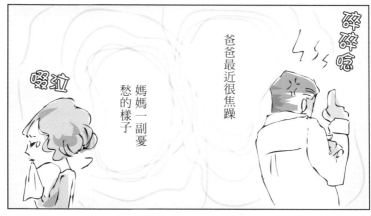

碎碎唸

爸爸最近很焦躁

媽媽一副憂愁的樣子

啜泣

沙沙沙

人為什麼生氣、悲傷、心情低落呢？

心靈在哪裡？

心靈在人體的哪個部位？這是人們自古以來所探索的謎題。

六千年前的埃及，人們認為心靈在心臟裡，因為當感到害怕或緊張時，心臟會砰砰的跳。

語言裡面有「心生期待」、「鬱悶填胸」、「打動心靈」等描述，由此可知以前的人們是認為心靈就在胸口的心臟裡。英語的心臟和心靈都是「heart」這個字。

四千年前的巴比倫帝國，人們認為心靈是位於肝臟。這種想法從語言「心驚膽跳」、「膽大心細」等，以及「滿腹怒氣」、「滿肚子鬼主意」等，可以窺見巴比倫人認為心靈位於腹部。

到了古希臘時代，醫學之父希波克拉提斯認為心靈位於大腦，與現在一般的看法相同。哲學家柏拉圖則更進一步，認為心靈是在大腦與脊髓，而知性和理性的部位在心臟，欲望位於脊髓。

但是，柏拉圖的弟子亞里斯多德則提出不同的說法，再度認為心靈位於心臟。

後來，到了羅馬時代，希臘醫師蓋倫認為，心靈是位於腦室的部位。蓋倫醫師所指的腦室是在大腦深處，充滿脊髓液的部位。中世紀的人們對這個說法深信不疑，流傳了很長一段時間。

十七世紀，哲學家笛卡兒認為腦的中心部位，是位於間腦的松果體，這個器官是心靈的源頭。

到了十九世紀，大腦科學開始有飛躍式的發展，所謂心靈是大腦活動所造成的結果，這個說法成為現在的一般常識。

♠ 心靈①

13

　　所謂心靈，是指人類特有的精神作用，也就是知性、感性及意志的綜合體。

　　知性是指對事物的理解能力，總的來說就是思考、判斷等高度知性作業。感性是指喜悅、悲傷、憤怒等喜怒哀樂，以及愉快、不愉快等情緒。意志則是指做事的堅持與態度。

　　儘管尚未完全了解明白心靈的機轉，但一般認為心靈是因為大腦活動所產生的。

　　大腦約有1千億以上的神經細胞（神經元）分布，形成網路。

　　從眼睛及耳朵等外部所接收來的訊息，以電流訊號傳送給神經細胞，然後神經細胞再將電流訊號轉換成化學訊號，在神經細胞間彼此傳遞。

　　大腦就是像這樣在神經細胞的網路之間傳遞訊號，與積存於腦中的記憶互相作用，而產生了稱為「心靈」的各種精神活動。

　　例如，喜歡異性、被甩而悲傷、情緒低落，這種種都是因為大腦傳遞訊號而產生的結果。

　　簡單的說，心靈就是因為大腦的某部位傳遞某種訊號而產生的。

　　在大腦擔任傳遞訊號的重要任務，是一種稱為「神經傳遞物」的化學物質。神經傳遞物的種類及數量，決定了我們心靈的狀態。

♠ 心靈②

咦？寄了信沒有收到回信，情緒會低落？這就是「人類特有的精神作用」，也就是心靈喔。

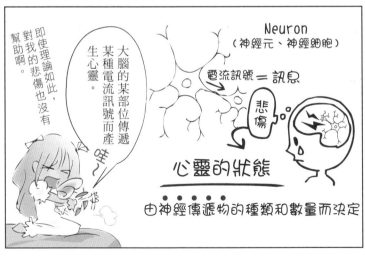

即使理論如此，對我的悲傷也沒有幫助啊。

大腦的某部位傳遞某種電流訊號而產生心靈。哇~

Neuron
（神經元、神經細胞）

電流訊號＝訊息

悲傷

心靈的狀態

由神經傳遞物的種類和數量而決定

為什麼有情緒？

喜怒哀樂是人類獨有的進化情緒表現。動物雖然有類似的行為表現，但是沒有像人類如此複雜多變。

人類之所以會有這樣進化的複雜情緒表現，一般認為是因為大腦額葉較發達，並且有社交的溝通需求，因此必須要有這樣複雜的表現方式。

害怕、憤怒、悲傷、快樂、驚訝、厭惡，這是六種基本的臉部表情，雖然會因人種及文化差異而有些許不同，但是這些都是人類共有的基本情緒表現。

剛出生沒多久的嬰兒，就可以分辨這六種基本臉部表情，這表示人類與生俱來就有分辨這些情緒表現的能力。人類是在進化的過程中，逐漸學會這樣的能力。

人類的嬰兒會發出本能的微笑，這是為了透過微笑而尋求父母及他人的保護。另外，嬰兒哭出聲音是為了吸引外界對自己的注意，把大人吸引到自己身邊來。

對於還沒有生存能力的嬰幼兒來說，微笑、哭泣這些行為是生存不可或缺的手段。

若因為大腦障礙，無法辨識人類臉部表情或態度，不能解讀情緒，無法產生同理心，就無法與人順利溝通。

♠ 情緒與表情

腦是身體的中樞器官

腦是由脂質和蛋白質等所組成的柔軟組織，看起來像豆腐。大家都知道，腦是人體最重要的器官，有堅硬的頭骨來保護著。

成年男性的腦重量約1350～1400公克，女性則為1200～1250公克，一個人的腦約是體重的25%。腦可以大致分為大腦、小腦和腦幹。

大腦佔了腦的大部分，比例約為80%，為思考、知覺、記憶、語言、運動等腦功能的中樞。小腦在大腦的後下方。小腦控制運動，具有保持身體平衡的功能。

腦幹在大腦下方，是由間腦、中腦、橋腦、延髓所組成的一連串部位。腦幹是負責調節心臟的運作、呼吸、體溫及平衡體內環境等，是維持生命活動的重要部位。

我們的全身都分布著由神經系統組成的網路。其中從大腦一直延伸到脊髓的神經，稱為中樞神經系統（central nervous system），從中樞神經系統分支到身體各部位的神經，稱為周邊神經系統（peripheral nervous system）。

周邊神經系統可以再分成軀體神經系統（somatic nervous system）以及自主神經系統（antonomic nervous system）。

中樞神經系統，是將身體所受到的刺激傳遞到大腦，以及反過來傳遞大腦發出要身體活動的指令。將身體所接受到的刺激傳遞到大腦的神經，稱為感覺神經，相反地，將來自大腦的動作指令傳遞出來的，稱為運動神經。

自主神經系統會自動控制心臟運作、體溫等體內環境，包括交感神經系統及副交感神經系統兩種。

♠ 腦部構造

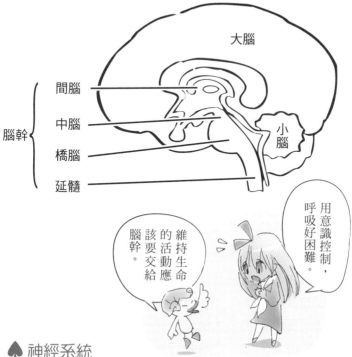

♠ 神經系統

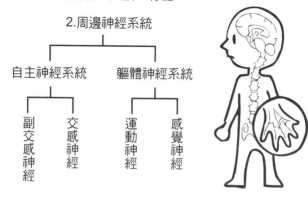

1.中樞神經─大腦、脊髓

2.周邊神經系統

自主神經系統　　軀體神經系統

副交感神經　交感神經　　運動神經　感覺神經

大腦的機轉

大腦可大致區分為兩大半球（左腦和右腦），由稱為胼胝體（corpus callosum）的粗神經纖維所連結著。

從外面往內看，大腦由大腦新皮質、大腦邊緣系統、大腦基底核等部位所組成。

位於大腦表面的大腦新皮質呈灰白色，所以稱為灰白質，在這裡聚集了許多神經元（neuron），下面有呈現白色的白質（大腦髓質），白質裡有從大腦新皮質神經細胞所延伸出來的神經纖維束（軸突）。

在大腦皮質裡除了大腦新皮質之外，還有進化後的舊皮質與古皮質，這樣的稱呼是依據進化的順序，依序為舊皮質、古皮質及新皮質，新皮質的發展最晚。

人類這樣高等的動物，大腦新皮質十分發達，人類的大腦皮質有90%都是新皮質。大腦新皮質掌管思考、知覺、記憶、語言、運動等，是具有高度腦功能的中樞。

新皮質的發達，而使得舊皮質、古皮質都退入大腦內部，這些舊皮質及古皮質的部位屬於大腦邊緣系統。邊緣系統正如其名就是被擠到邊緣的意思，大腦邊緣系統是在進化中較老舊的腦。

大腦邊緣系統與憤怒、害怕及不安等原始情感（情緒波動），和食慾、性慾等本能，以及與記憶有關。大腦邊緣系統與心靈及情感有很大的關連。

在大腦更深處的大腦基底核，是腦幹和大腦連絡處，控制運動及平衡。

♠大腦的機轉

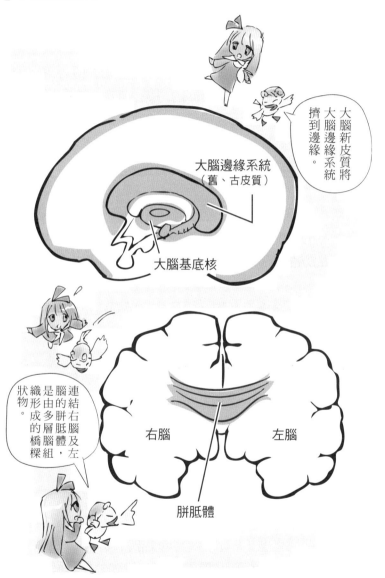

大腦新皮質將大腦邊緣系統擠到邊緣。

大腦邊緣系統
（舊、古皮質）

大腦基底核

狀物。是由多層組成的橋腦樑組織形成的連結右腦及左腦的胼胝體

右腦　　　左腦

胼胝體

大腦新皮質各區域有不同功能

位於大腦表面的大腦新皮質（或稱為大腦皮質），依照顏色可稱為灰白質，為厚1.5mm～4.0mm的組織。前面曾經提過，人類的大腦新皮質特別發達，在大腦皮質中，有90%都屬於新皮質。

大腦新皮質中有約140億神經元（neuron），進行人類特有的思考、知覺、記憶及語言等高度活動。整個大腦約有數千至數百億個神經元。

大腦新皮質依區域不同，各有不同的功能，譬如視覺區具有看見並辨識物品的功能，如果視覺區受到損傷，就會看不見。依照大腦不同區域的功能，可以將大腦大致分為運動區、感覺區及聯合區。

運動區是大腦發出活動指令的部位，感覺區是接受外來訊息的部位，聯合區是運動區及感覺區以外的部位，負責擔任運動區及感覺區的橋樑，是處理綜合訊息的地方。

大腦可以分為左右半球，由中央溝為主，分成額葉、頂葉、顳葉及枕葉4個腦葉。

額葉是高階認知活動中樞，為大腦新皮質中最為發達的部位。在額葉有兼具運動區與語言發展功能的布洛克區（Broca's area運動前區）。

頂葉為接收感覺的感覺區。

顳葉有聽覺區、味覺區及嗅覺區，與記憶有關。這裡有負責理解語言意義的威尼克區（Wernicke's area 語言感覺區）。

枕葉為視覺區。大腦新皮質的功能一般有分左右腦兩部位，但

是額葉的布洛克區和顳葉的威尼克區這兩個語言區，目前已知大多數人（右撇子約95％、左撇子約65％）都只存在於左腦。

♠ 大腦新皮質

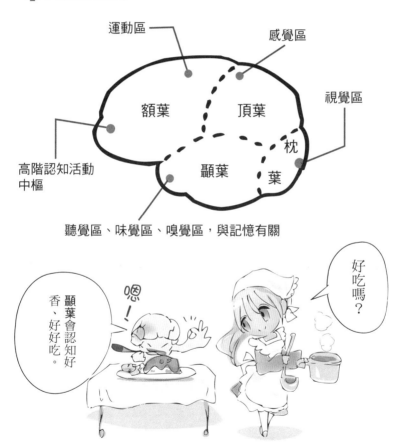

運動區

感覺區

視覺區

額葉

頂葉

枕

葉

顳葉

高階認知活動中樞

聽覺區、味覺區、嗅覺區，與記憶有關

嗯！

顳葉會認知好香、好好吃。

好吃嗎？

語言中樞的發現

過去認為，大腦的功能在任何部位都一樣。

但是，1861年法國外科醫師布洛克，研究一些能夠聽得懂語言卻無法說話的病患，結果發現這些病患在額葉的部位有損傷。從這個研究可以發現，大腦各部位具有不同的功能。

布洛克所發現的這個語言區，具有說話、書寫的功能，稱為「語言運動區」，又因為布洛克醫師的名字，而稱為「布洛克區」。

後來，1874年德國神經科學家威尼克，發現顳葉部位具有理解語言的功能。這部位若有損傷，病患則無法理解語言或單字，就算病患想說話，只能說出一些意義不明的字句，所以這部位就稱為「聽覺聯合區」，或者是「威尼克區」。

前面說過，通常大多數人只在左腦才有這些語言區。

因為我們知道大腦不同部位有不同功能，大腦科學才有飛躍式的進步。研究大腦的損傷部位，或是在手術中對大腦給予電流刺激，根據病患的反應，我們得到了大腦的詳細功能圖——大腦軀幹地圖（somatotopic map）。

♠ 語言中樞

布洛克區
語言運動區

威尼克區
語言感覺區

右撇子有95%的人只在左腦有布洛克區與威尼克區，而左撇子有60%的人只在左腦有這兩區。

能夠像這樣寫文章，是因為有布洛克區在發揮功能喔。

喔～

這個主題難不難？

我聽得懂！

能夠理解語言，是因為有威尼克區的作用。如果這一區有損傷，就會無法理解語言和單字的意義。

前額葉皮質區是更進化的大腦

所謂聯合區，是處理綜合運動及感覺訊息的地方。

在這些聯合區中，位於前額葉的前額葉皮質區，是大腦新皮質中最發達的部位。

像人類這般高度進化的高等動物，前額葉皮質區都很發達。人類的大腦新皮質約30%為前額葉皮質區，而貓只有約4%，狗約只有7%，黑猩猩只有約17%。

因此，前額葉皮質區又稱為大腦的腦，是大腦的最高中樞。

人類特有的高度思考能力與情感，全部都是因為這個前額葉皮質區的作用。換言之，前額葉皮質區就是使人之所以為人的腦。

若前額葉皮質區有損傷，就會失去人類該有的思考、意志、意願及判斷力等，會變成無論對什麼事都沒興趣、沒意願、不關心的人，出現性格大大轉變等的症狀。

過去，對於有異常行為的精神病患會用一種手術，將連結前額葉皮質區的神經切斷，這手術稱為前額葉切除術。盡管接受這種手術可改善異常行為，但是就會出現上面所說的症狀。

另外，有個廣為人知的故事，一個美國人亞斯蓋吉因事故而遭鐵棍穿透前額葉皮質區，雖然保住了性命，但是經過這次事故，他的性格完全變成另外一個人，由此可知前額葉皮質區的重要。

♠ 前額葉皮質區課程

人類（30%）

黑猩猩（17%）

狗（7%）　貓（4%）

這裡

前額葉皮質區
掌控了
・思考
・判斷
・意願
・情感

高等動物的前額葉皮質區特別發達。

這是讓「人之所以為人」的腦部位啊！

曾經有過一個案例，有個人的前額葉皮質區受了傷，後來性格大變，完全變成另外一個人。

大腦皺褶越多、越大越好嗎？

男人大腦的重量為1350～1400公克，女人的大腦重1200～1250公克，雖然男人的腦比女人的大而重，但並不是比較大、比較重的腦，就會擁有較高的智能。

光看大腦的大小與重量，大象的大腦約5000公克，抹香鯨的大腦約9000公克。這是因為大象和抹香鯨的身體原本很巨大，所以顯得大腦很大。

一般並不是只看大腦的大小與重量，而是相對於體重的比例，大腦重量比例越大的動物，智能越高。但是有例外，像老鼠這種體型小的動物，大腦相對於體重的比例就比人類還大。

那麼，人們常說大腦表面越多皺褶，智能就越高，這樣對嗎？

的確，在人類的大腦新皮質有很多皺褶（腦溝）。這是為了在有限空間裡，盡可能增加表面積而發展出來的。因為表面積越大，神經元的數量就會越多，可以形成大量複雜的網路。若將人類大腦新皮質的皺褶攤平，大約是一張報紙的大小（約2200平方公分）。

但是，這並不代表皺褶越多智能就越高。例如斑鳩大腦表面的皺褶遠比人類來得多，即便如此，斑鳩的智能只有約人類三歲兒童的程度。

所以，大腦的大小、重量及皺褶的多少，並不能代表智能的高低。

♠ 大腦尺寸

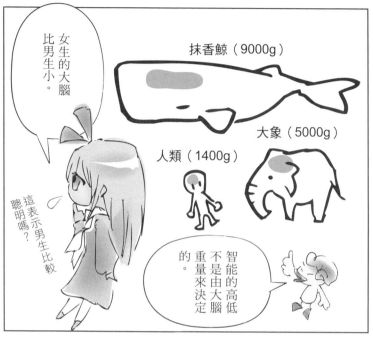

女生的大腦比男生小。

這表示男生比較聰明嗎？

抹香鯨（9000g）

大象（5000g）

人類（1400g）

智能的高低不是由大腦重量來決定的。

所以呢？腦小姐，大腦是怎樣的情形呢？

像老鼠的大腦與體重相對來說，大腦比較大。而斑鳩的大腦有很多皺褶，所以表面積很廣。

陷入沈思

左腦與右腦的不同

大腦由大腦中央溝可分成兩個大腦半球，也就是左腦與右腦。

但是這並不是說左右大腦完全分開，而是以稱為胼胝體的粗大神經束來連結，兩邊互相交換情報及運作。

不可思議的是，左右腦各自控制著另一側的身體，也就是左腦控制右半身，右腦控制左半身。由左右腦伸出的神經，在延髓及脊髓附近交錯，因此稱為交叉支配。

因此，右手是由左腦控制，左手由右腦控制。若左腦損傷，右半身就會出現障礙。

另外，左右腦的功能亦不同。

左腦主要是擔任閱讀、書寫、說話等語言功能，以及計算，是負責邏輯方面的思考。

另一方面，右腦的功能則與直覺性、創造性思考、音樂及藝術性感覺、空間認知及方向感等有關，但是這部分的功能還不是十分明瞭。

順帶一提，右撇子大部分都是在左腦擁有語言功能，但左撇子之中有3分之1是右腦負責語言功能。

左右腦會因為環境及文化而有差異。

例如，日本人對聲音、鳥叫及蟲鳴是左腦的感性，而西方人則是在右腦把這些聲音、鳥叫及蟲鳴當成雜音。

♠左右腦的差異

右腦
- ·直覺性、創造性的思考
- ·音樂及藝術性感覺
- ·空間及方向的認知

右腦　左腦

左腦
- ·邏輯思考
- ·語言功能（閱讀、書寫、說話）
- ·計算

交叉支配
左腦支配右半身、
右腦支配左半身

大和之心是以左腦愛著蟲鳴之聲…

男女大腦的差異

　　大腦也會依性別而有所不同。男人的大腦雖然比女人的重，但是重量跟大腦的優劣完全無關。

　　連結大腦左右腦的胼胝體的粗細不同，反而才是關鍵。左右腦是以胼胝體的粗大神經束來連接的，在胼胝體後側膨大的部位，女性比男性的還要粗。

　　據推測，連結左右腦的胼胝體若粗大，可使左右腦之間訊息交換的運作更加順利。一般認為女性綜合性運作左右腦的能力比男性好，男性則有分別運作左右腦的傾向。

　　一般認為，女性的語言能力較優越，男性的空間認知能力較優越。還有，男性較多對休閒嗜好熱衷的人。據推測這些都是因為大腦結構上的差異所導致的，但是還沒有十分明瞭。

　　這種大腦的性別差異是在胎兒時期就已經決定了。胎兒的大腦形成，原本是以女性的大腦結構為基礎，擁有男性染色體（遺傳基因）的胎兒在某時期暴露於某一定濃度的男性荷爾蒙，就會形成男性的大腦。若是因為某些原因，沒有受到男性荷爾蒙影響，就會一直保持女性的大腦狀態。

　　這樣一來，就會造成大腦性別與生理外觀性別不一致的情況。有人外在看起來是男性，但是擁有女性的大腦；有的人外觀看起來是女性，卻擁有男性的大腦。結果造成身體性別與心靈性別不一致的性別認同障礙，以及同性戀等。

♥ 男性的大腦

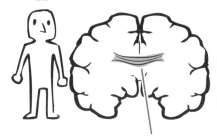

● 胼胝體膨大部位比女性小

● 有左右腦分開運作的傾向

● 可能空間認知較佳，對休閒嗜好較熱衷

胼胝體

♥ 女性的大腦

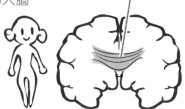

● 胼胝體膨大部位較大

● 有綜合運作左右腦的傾向

● 語言能力較佳

若是在胎兒期有受到男性荷爾蒙的影響，就會形成「男性的大腦」。

大腦邊緣系統是情緒之腦

大腦邊緣系統位於大腦新皮質下方、腦幹上方，由扣帶迴（cingulate gyrus）、杏仁核（amygdala）、伏隔核（nucleus accumbens）、海馬迴（hippocampus）等所組成的部位。

舊的大腦會被大腦新皮質擠壓到大腦內側，雖然如此，但還是掌控著生物本來就擁有的原始情感，像是喜歡、厭惡、憤怒及害怕等情緒，與生存本能的食慾、性慾等，同時與行動及記憶有關，具有重要的作用。

扣帶迴會將訊息分成愉快及不愉快，依照意願及動機採取行動。

杏仁核與喜歡、厭惡及害怕等情緒有關。杏仁核被摘除的猿猴不具有害怕之心，不再害怕原來正常時會害怕的蛇，甚至還會想抓蛇來吃。

所謂杏仁核就是形狀像杏仁，因此而被命名的。

伏隔核是與回饋、快感及幹勁有關。又稱依核、阿控伯核。

海馬迴是位於顳葉內側，像弓狀的器官。因為形狀很像希臘神話中海神波塞頓所乘坐的海獸人馬怪下半身，因而命名。另外有一說，因為很像海馬，所以稱為海馬迴。

依據研究，海馬迴具有暫時保存外來刺激及訊息的短期記憶，也具有將短期記憶轉變成長期記憶的重要功能，而長期記憶則保存在大腦新皮質中。

♠ 大腦邊緣系統

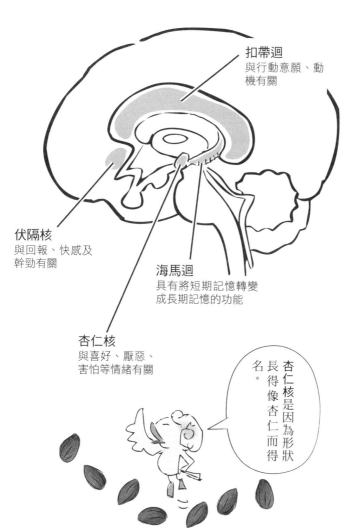

扣帶迴
與行動意願、動
機有關

伏隔核
與回報、快感及
幹勁有關

海馬迴
具有將短期記憶轉變
成長期記憶的功能

杏仁核
與喜好、厭惡、
害怕等情緒有關

杏仁核是因為形狀
長得像杏仁而得
名。

大腦基底核與運動

　　大腦基底核（basal ganglia）在大腦最深處，和大腦表面的大腦新皮質（灰白質）一樣聚集了很多神經元，這些聚集了神經元的地方稱為神經核。

　　大腦基底核是一種神經核，由蒼白球（globus pallidus）、殼核（putamen）、尾核（caudate nucleus）、視丘下核（subthalamic nucleus）及黑質（substantia nigra）等所組成。

　　蒼白球與殼核合稱豆狀核（lentiform nucleus），而殼核和尾核則合稱紋狀體（corpus striatum）。

　　傳達隨意運動的神經路徑稱為錐體路徑，而輔助錐體路徑並傳達反射、不隨意運動的神經路徑，則稱為錐體外徑。大腦基底核就是在錐體外徑。

　　大腦基底核主要負責連絡腦幹和小腦，控制身體得以正常運動。具體來說有穩定身體姿勢、控制運動開始與停止、讓身體運動順利、展現臉部表情等功能。目前進一步已知與語言功能有關。

　　因此，若大腦基底核有損傷，就會出現運動功能的障礙。

　　例如，在黑質部位有損傷，就會出現手腳顫抖或是活動遲緩的巴金森氏症（Parkinson's Disease）。

　　而遺傳性疾病杭丁頓氏舞蹈症（Huntington's disease）是因尾核有異常，出現無法自我意志控制的手腳舞動，也不能控制表情變化。

♠ 大腦基底核

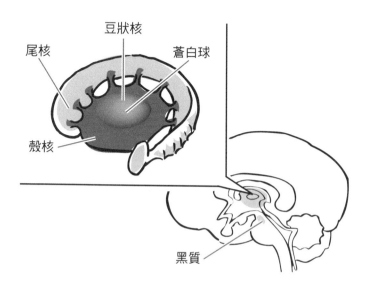

負責連絡腦幹和小腦，控制身體得
以正常運動

豆狀核

尾核　　　　　　　蒼白球

殼核

黑質

尾核異常（遺傳性疾病）
杭丁頓氏舞蹈症

有不受自我意志控制的手腳
舞動，或不能控制表情變化
等症狀

黑質損傷
巴金森氏症

手腳顫抖，活動遲緩
等症狀

騎腳踏車是小腦的功能

　　小腦在大腦後下方的後大腦處，大約只有大腦的10分之1左右（約130g），正如其名是個小腦。小腦和大腦一樣分成左右兩半（小腦半球）。

　　小腦和大腦一樣，表面是灰白質，裡面則是由白質構成。

　　小腦雖小，但是小腦表面擁有比大腦更多的皺褶（腦溝），因此表面積達到大腦的75%。甚至在神經元數量方面，大腦有140億個神經元，而小腦約有1000億個以上，遠比大腦來得多。

　　小腦可以保持身體的平衡，控制運動。小腦可以調整來自大腦的指令，和大腦基底核等合作，讓運動順利進行。尤其是無意識的行走、跑步等各種運動，都是小腦的運作結果。

　　小腦還有經過學習而記憶動作之功能。像是學會騎腳踏車、學會彈的鋼琴和熟練的技藝等，都是因為小腦記憶住了這些動作模式。所謂以身體記憶，其實就是透過小腦而記憶的。

　　另外，在閉著眼睛的狀態下，能夠正確觸摸到自己的鼻子及嘴巴，也是因為小腦有正常運作。

　　因此，當小腦產生異常，我們便無法取得身體的平衡，活動變得不順暢。當我們喝了酒，身體會搖搖晃晃，步履不穩，就是因為小腦功能降低的緣故。

♠ 小腦

小腦重量約為大腦的**10**分之**1**，
表面積為大腦的**75%**。

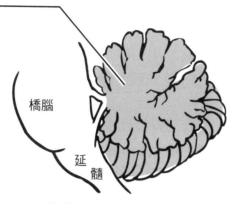

橋腦

延髓

・控制運動及身體的平衡
・記憶經學習而來的動作

這是因為以前有好好訓練過吧？

這個動作好久沒做了，沒想到做得還不錯呢？

搖搖晃晃

腦幹是生命之腦

　　腦幹在大腦下方，位於大腦深處，是從間腦連接到延髓的主幹部位。

　　廣義來說，腦幹是指間腦、中腦及橋腦一直到延髓的部位。而狹義來說，指除了間腦之外，由中腦到延髓為止的部位。在進化過程中，腦幹是最古老的腦，魚類及兩棲類動物等的大腦中，腦幹佔了大部分。

　　腦幹是從大腦連接到脊髓的神經通道，具有調節心臟運作、呼吸、體溫及體內環境等維持生命的重要功能。因此，腦幹的功能若停止，人就會死亡。大腦停止運作，只有腦幹在活動，就是所謂的植物人狀態。腦幹裡面有會產生神經傳遞物並釋放到大腦內的神經元。

　　中腦傳達視覺及聽覺，還與因眼球的動作、光線強弱來調節眼睛瞳孔睜閉的反射作用有關，與調整看遠近物品的作用亦有關。

　　橋腦在延髓上方，連接大腦與延髓、脊髓，是小腦的中繼站，與呼吸動作、咀嚼食物的動作、臉部的動作有關。

　　位於最下方的延髓，控制心跳、呼吸、血壓、吞嚥動作、咳嗽及打噴嚏等。

　　腦幹有神經元及神經纖維形成的網狀部位，稱為網狀體。這裡與意識、清醒及睡眠有關。

　　間腦（視丘、下視丘）與本能的食慾、性慾及體內環境的調節有關。

♠ 腦幹

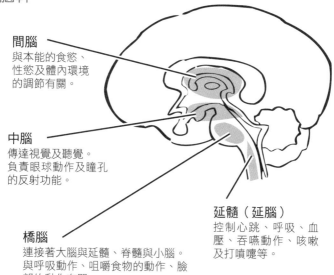

間腦
與本能的食慾、
性慾及體內環境
的調節有關。

中腦
傳達視覺及聽覺。
負責眼球動作及瞳孔
的反射功能。

延髓（延腦）
控制心跳、呼吸、血
壓、吞嚥動作、咳嗽
及打噴嚏等。

橋腦
連接著大腦與延髓、脊髓與小腦。
與呼吸動作、咀嚼食物的動作、臉
部的動作有關。

間腦可調節體內環境

間腦在大腦下方的中心部位，包括視丘、下視丘、腦下垂體及松果體。

視丘是將除了嗅覺之外的感覺傳達到大腦的中繼站，只有嗅覺不經間腦，可直接傳到大腦。順帶一提，視丘就代表了內部的房間或是寢室。

下視丘調節各種荷爾蒙的分泌，控制自主神經（交感神經與副交感神經），同時具有維持性慾及食慾等本能行為，以及維持呼吸、體溫、血壓、消化功能等體內環境的重要功能。

腦下垂體像是垂掛在下視丘下方，約1公分大小，可以分為前葉及後葉。

腦下垂體與下視丘起分泌維持體內環境的相關荷爾蒙（成長激素、促甲狀腺素、促腎上腺皮質激素、卵泡刺激素、黃體激素、泌乳激素、抗利尿激素、催產素）。

泌乳激素是女性荷爾蒙的一種，又稱為乳腺刺激素或黃體刺激素。

催產素是女性荷爾蒙的一種，具有讓子宮收縮，或穩定心情的作用。

抗利尿激素則有調節血壓上升及調節尿量作用。

松果體在視丘後方，會製造並分泌與調節生理時鐘（一天24小時的生活節奏）有關的褪黑激素。

♠ 間腦

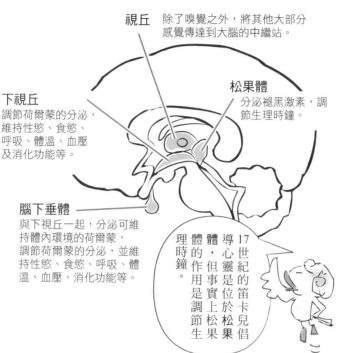

視丘　除了嗅覺之外，將其他大部分感覺傳達到大腦的中繼站。

下視丘
調節荷爾蒙的分泌，
維持性慾、食慾、
呼吸、體溫、血壓
及消化功能等。

松果體
分泌褪黑激素，調
節生理時鐘。

腦下垂體
與下視丘一起，分泌可維
持體內環境的荷爾蒙，
調節荷爾蒙的分泌，並維
持性慾、食慾、呼吸、體
溫、血壓、消化功能等。

17世紀的笛卡兒倡導心靈是位於松果體，但事實上松果體的作用是調節生理時鐘。

♥ 生理時鐘

松果體會製造稱為「褪黑激素」的荷爾蒙，
以調節生理時鐘。

大腦具有不讓有害物質入侵的機制

大腦的微血管具有不讓細菌及毒物等有害物質進入的防禦系統，稱為血腦障壁。

身體其他部位的微血管是直接與組織細胞連接，攝取或交換物質。

但是，大腦的微血管並沒有直接與神經元連接。在微血管周圍有神經膠質細胞包圍著，神經膠質細胞具有過濾功能，只讓大腦必需的物質通過。

另外，大腦的微血管本身的結構和一般微血管不同。一般微血管的內皮細胞之間有縫隙，血液中的物質可以通過這個縫隙。

但是，大腦微血管的內皮細胞並沒有縫隙，所以血液中的物質無法通透，只有內皮細胞壁本身的物質可以通過。

可以通過血腦障壁的有大腦所必需的氧氣、水分、營養素葡萄糖，以及製造神經傳遞物的胺基酸等。無法通過血腦障壁的有細菌、病毒及大部分的化學物質等。

雖然說血腦障壁會阻礙有害物質進入，但是有些對身體有害的物質仍可通過血腦障壁，例如，酒精、尼古丁、麻醉藥物等。另外，當人處於壓力之下，血腦障壁的作用會變弱，一些平常健康狀態下無法通過的細菌等，在此時可以通過血腦障壁。

♠ 血腦障壁

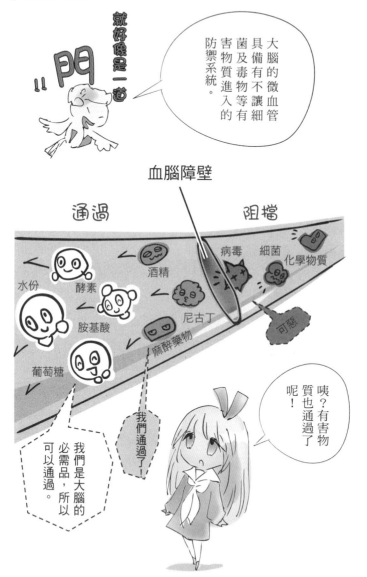

血腦障壁

通過　　　　　　　　　阻擋

大腦保持體內環境恆定

不管外界的氣溫在夏天高達40度，在冬天降至10度以下，多麼激烈的變化，人體的體溫都經常保持在37℃左右。這是因為間腦的下視丘可以調節體內環境，保持恆定。

這種身體狀態經常保持在穩定狀態的作用，稱為體內環境恆定（Homeostasis）。

讓體內環境保持恆定的作用，是由下視丘所控制的自主神經系統（交感神經和副交感神經）與內分泌系統（荷爾蒙的分泌）兩者共同完成。

一般來說，自主神經是處理心跳增加、減少等短時間內的變化，而相對的，內分泌系統則是對生殖器官的作用等，長時間才看到調節效果的變化。

現在我們舉例說明自主神經有關的體溫調節情形。

當下視丘察覺到體溫隨著外界氣溫下降而降低，此時交感神經會發揮作用，令接近皮膚表面的血管收縮，降低血流，以避免血流流動帶走體溫。更進一步令人體體毛豎立，以防止散熱，這就是大家說的起雞皮疙瘩。為了提升肌肉溫度，身體還會打顫。

相反的，當下視丘察覺到體溫隨著外界氣溫上升而升高，交感神經及副交感神經會一起作用，讓接近皮膚表面的血管擴張而容易散熱，並以流汗讓體溫下降。

♠ 體內環境恆定

下視丘

內分泌系統
（荷爾蒙的分泌）
處理長時間才看得到
調節效果的變化

自主神經系統
（交感神經和副交
感神經）處理短時
間內的變化

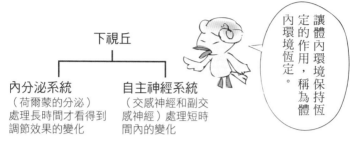

讓體內環境保持恆定的作用，稱為體內環境恆定。

♠ 體溫調節機制

體溫降低
↓
下視丘感知
↓
皮膚血管收縮，
以防止散熱
※為了提升肌肉溫
　度而打顫

抖～

好冷喔～

體溫上升
↓
下視丘感知
↓
皮膚血管擴張，
讓身體散熱
※為了降低體溫而
　流汗

悶熱

悶熱

好熱哦～

自主神經的作用

自主神經是從腦幹及脊髓延伸出來的末梢神經，自動控制著心臟的運動及體溫等體內環境。

自主神經與喜怒哀樂等本能的情緒有密切關係。

當感到害怕時，心臟會自然的怦怦跳，出冷汗，這些都是自主神經的作用。

自主神經有交感神經和副交感神經兩種，兩種神經互相協調運作，就像翹翹板一樣，一方較為活潑時，另一方的活動則較抑制。因為這兩種神經會產生相反的作用，所以可保持身體內環境的平衡。

例如，交感神經可以加速心臟的跳動，提高血壓，而相反的副交感神經會減緩心臟的跳動，降低血壓。

交感神經是對身體發出指令，要身體做出因應突發緊急事態的相關活動。另一方面，副交感神經可以說是發出要身體放鬆的指令。這樣的交互作用，可以讓身體狀態經常保持平衡。

但是，若常處於壓力之下或是過勞，這兩種神經的作用就會失調。

若自主神經失調，會出現心悸、頭痛、暈眩、拉肚子、倦怠感等身體的各式各樣症狀，稱為自主神經失調。當身體出現這些症狀，但是並沒有其他特別的原因，就可能是自主神經失調。

♠ 自主神經作用

自主神經

交感神經
促使身體因應緊急
狀態
・加速心臟跳動
・提高血壓等

副交感神經
促使身體放鬆
・減緩心臟跳動
・降低血壓等

交感神經和副交感神經的作用就像蹺蹺板
彼此作用相反
相互協調以保持身體平衡

在壓力及過勞的情形下，會失去平衡
自主神經失調
（心悸、頭痛、暈眩、拉肚子、倦怠感等症狀）

剛好平衡呢！

交感神經在緊急時運作

　　自主神經之一的交感神經，主要是在遭遇到緊急事態時發揮作用。像是突然遇到敵人，該戰鬥呢？還是該逃走？總而言之，就是必須做出「非戰即逃」的判斷。

　　交感神經是從脊髓延伸出來的神經，靠神經傳遞物的正腎上腺素，將訊息傳達到末稍器官，結果就會為身體帶來下列作用：

・為了看清外界狀況及別人的舉動而瞳孔放大
・為了吸入更多氧氣而呼吸道擴張，呼吸加速
・加速心臟跳動，將大量的血液送往全身肌肉及大腦，讓身體可以
　迅速動作，並作確實的判斷

　　為了不要輸送過多的血液給皮膚等不必要的部位，這些部位的血管會收縮。另外，皮膚的血管收縮可以抑制受傷部位的出血。

・抑制胃部消化等不必要的活動
・抑制體溫上升，不流汗
・肝臟釋放肝醣，分解肝醣，製造能量來源的葡萄糖
・刺激位於腎臟的副腎髓質，以釋放腎上腺素及正腎上腺素至血液
　中，提高身體的反應靈敏程度。

　　在緊急狀況中，交感神經像這樣提高身體功能以立即因應狀況，迅速做出行動，同時也有抑制不必要機能的作用。

♠ 交感神經的機制及作用

① 瞳孔放大，以看清外界狀況

② 呼吸道擴張，以吸入更多氧氣

③ 加速心臟跳動，大量送出血液

④ 收縮皮膚血管，減少血流以抑制可能受傷時的出血

⑤ 抑制胃部的消化，以減少不必要的活動

⑥ 放出肝醣，以供給能源

⑦ 放出腎上腺素及正腎上腺素，以提高全身靈敏反應

副交感神經促進身體放鬆

交感神經是應付緊急狀態的神經，副交感神經則可說是促進身體放鬆的神經。

例如，像在吃飯過後會感到有點想睡，就是副交感神經的作用。

副交感神經是從腦幹及脊髓下方的薦髓所延伸出的神經纖維，利用神經傳遞物的乙醯膽鹼，將訊息傳遞到末梢器官，讓身體產生下列作用：

・為了減少外來的光線刺激而縮小瞳孔
・減緩心臟跳動
・呼吸道收縮，呼吸變慢
・為了幫助食物消化而促進唾液分泌
・增加胃部消化活動，腸道血管擴張，而使血液集中、促進消化
・在肝臟合成肝醣，以形成葡萄糖

副交感神經的這些作用，可讓身體休息並恢復體力。如此一來，一旦發生緊急狀況，身體才能及時因應。

副交感神經對器官所具有的作用，與交感神經剛好相反。

交感神經可說是白天的神經，副交感神經則是夜晚的神經。因此為了要有自然、舒適的睡眠，睡覺前必需要鎮靜交感神經的活動，讓副交感神經較活化。因此可以優閒的泡熱水澡，或是營造一段可以放鬆的時間，以促進副交感神經的活動。

♠ 副交感神經

	交	副
眼睛	瞳孔擴大	瞳孔縮小
嘴巴	抑制唾液分泌	促進唾液分泌
心臟	促進心跳	抑制心跳
血壓	升高	降低
肺	呼吸道擴張	呼吸道收縮
胃	抑制消化	促進消化
肝臟	分解肝醣	合成肝醣
副腎皮質	分泌腎上腺素及正腎上腺素	無
腸道	抑制消化	促進消化
皮膚	收縮血管	無
末梢血管	收縮	擴張
汗腺	促進發汗	無
膀胱	鬆弛（儲存尿液）	收縮（排尿）
陰莖	促進射精	促進勃起

在薔薇的香氣中，聽著喜歡的音樂，好好放輕鬆。

鎮靜交感神經，讓副交感神經活化。

下視丘命令荷爾蒙分泌

相對於自主神經在短時間內可以控制體內環境，內分泌系統必須多花一點時間才能達到效果。內分泌系統是透過荷爾蒙來調節體內環境的。

神經傳遞物與荷爾蒙都是在體內製造的化學物質，基本上是一樣的物質。

在神經元之間傳遞訊息的化學物質，稱為神經傳遞物，而釋放到血液中傳達訊息的，稱為荷爾蒙，以此做區別。

和神經傳遞物一樣，各種荷爾蒙只會作用在固定標的器官。這是因為標的器官具有只能跟特定荷爾蒙結合的接受器（receptor），與標的器官結合的荷爾蒙量越多，作用就會越大。

荷爾蒙的分泌是由下視丘所控制。

在下視丘下方有一個約1公分的突起垂吊物，稱為腦下垂體。腦下垂體會依照下視丘的命令而分泌各種荷爾蒙。

腦下垂體可分成前葉及後葉。

下視丘以荷爾蒙傳達命令到腦下垂體前葉，神經纖維傳達命令到腦下垂體後葉。

接受命令的腦下垂體前葉，會分泌六種荷爾蒙。具體來說，有生長激素、甲狀腺素激素、腎上腺皮質激素、絨毛膜性腺激素、黃體素激素、泌乳激素。

舉例來說，甲狀腺素激素就如其名，是刺激甲狀腺，讓甲狀腺分泌甲狀腺素（thyroxine）。甲狀腺素具有讓細胞代謝活化的功能。

　　腦下垂體後葉會分泌抗利尿激素和催產素兩種荷爾蒙，這些激素是在下視丘製造，儲存於腦下垂體後葉。

♠ 荷爾蒙和下視丘

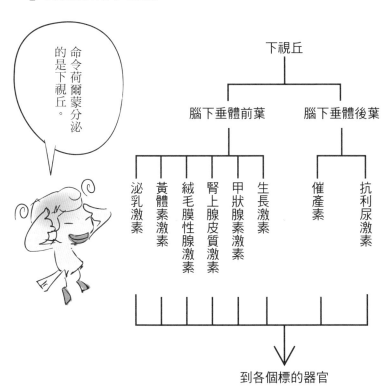

命令荷爾蒙分泌的是下視丘。

下視丘

腦下垂體前葉

腦下垂體後葉

泌乳激素

黃體素激素

絨毛膜性腺激素

腎上腺皮質激素

甲狀腺素激素

生長激素

催產素

抗利尿激素

到各個標的器官

各種荷爾蒙的作用

前面曾提過，荷爾蒙是由血液運送的。舉例來說，腦下垂體所分泌的甲狀腺素激素會刺激甲狀腺，令甲狀腺分泌甲狀腺素。

腦下垂體所分泌的大部分荷爾蒙就，會刺激標的器官，並且命令標的器官分泌荷爾蒙。

各種荷爾蒙作用標的器官以及作用整理如下：

♠ 荷爾蒙的作用

這是各種荷爾蒙及作用。

♥ 腦下垂體前葉

· **生長激素：**
〈標的器官為骨骼、肌肉〉
促進骨骼及肌肉的發育

· **甲狀腺素激素：**
〈標的器官為甲狀腺〉促進分泌甲狀腺素
的細胞代謝

· **腎上腺皮質激素：**
〈標的器官為腎上腺〉在分泌皮質類固醇
的肝臟製造血糖，以提升血糖值

・**絨毛膜性腺激素：**
　　〈標的器官為睪丸及卵巢〉使睪丸分泌男性荷爾蒙、睪固酮，使
　　身體出現男性性徵
　　使卵巢分泌女性荷爾蒙、雌激素，使身體出現女性性徵

・**黃體素激素：**
　　〈標的器官為睪丸及卵巢〉作用和絨毛膜性腺激素一樣，使卵巢
　　分泌黃體素（黃體酮），以準備及維持懷孕狀態

・**泌乳激素：**
　　〈標的器官為乳腺及卵巢〉使乳腺促進母乳分泌，
　　作用卵巢上，與黃體素激素作用相同

荷爾蒙（hormone）
的語源是帶有刺激、
喚醒的意思，希臘語
為horman。

♥ 腦下垂體後葉

・**抗利尿激素**
　　〈標的器官為腎臟、動脈〉
　　抑制腎臟分泌尿液，使動脈的
　　血壓上升

・**催產激素**
　　〈標的器官為子宮、乳腺〉
　　促進子宮收縮，促進乳腺分泌
　　母乳

第  章

神經傳遞物的作用

大腦內布滿了神經元，透過神經傳遞物在神經元之間傳遞訊息，或是記憶事物，或是做出行動。那麼，所謂的神經傳遞物究竟是什麼呢？第2章我們就來談談神經傳遞物的作用。

神經元是大腦的主體

　　大腦是由神經元（neuron）和神經膠細胞（neuroglial cell）所組成的。其中神經元佔大腦整體的10%左右，剩下的90%是神經膠細胞。神經膠細胞，是具有輔助神經元的重要功能細胞。

　　大腦的複雜活動是由於神經元網路所形成的，順帶一提，neuron本來的意思是指腱和網。

　　大腦據說有1000數百億以上的神經元，正確的數字並不清楚。在大腦新皮質約有140億個神經元（1立方公厘約有2萬～10萬個神經元，非常密集），小腦區域則有1000億以上的神經元。

　　神經元是由細胞本體、樹突、軸突（神經纖維）所組成。

　　細胞本體是神經元的主要部位，和其他細胞一樣，具有細胞核和粒線體（mitochondria）等細胞器官。

　　樹突是從細胞本體伸出來像樹枝一樣分枝的突起，會與其他神經元之間傳遞訊息。

　　軸突（神經纖維）則是從神經本體伸出一根長長的分支。樹突接收訊息之後，會一直傳遞到軸突的末端，然後再傳遞到其他神經細胞的樹突。

　　軸突被稱為髓鞘（myelin sheath）的神經膠細胞所形成的皮膜所包覆，以加速訊息的傳遞速度。

♠ 神經元

樹突
接收其他神經元訊息

細胞本體
神經元的本體
具有細胞核和粒線體

軸突（神經纖維）
從樹突所接收來的訊息，透
過軸突傳遞到其他神經元的
樹突

髓鞘
在軸突上由神經膠細胞所
形成的皮膜，可以加速訊
息的傳遞速度

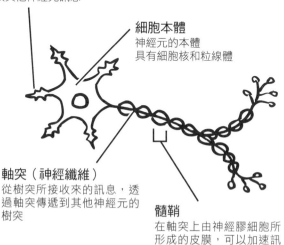

神經膠細胞
可以幫助神經細胞的活動

　　腦細胞的90%是神經膠細胞（glial cell），位於神經元的縫隙之間。

　　神經膠細胞是一種膠質細胞。本來glial就是膠的意思，神經膠細胞就像膠一樣支撐、連結著神經元，類似結締組織的功用。

　　神經膠細胞的功用包括提供神經元營養，處理大腦的老舊廢物，阻止有害物質入侵，讓訊息傳遞更順利等。另外，最近的研究發現，神經膠細胞（這裡是指星狀膠質細胞）會以神經傳遞物等化學物質來處理大腦的某些訊息。

　　神經膠細胞從其形狀及角色的不同，可以區分為大的星狀膠質細胞（astrocyte）、微小膠質細胞（microglia）和寡樹突膠質細胞（oligodentrocyte）等三種。

　　星狀膠質細胞是神經膠細胞中最多的，伸出像星星形狀的突起。星狀膠質細胞會支撐神經元，並從血管吸取營養供給神經元，具有阻止有害物質通過血管、進入大腦，類似關防的作用。

　　微小膠質細胞負責大腦的免疫作用，處分老舊廢物（死去的神經元及細菌等）等，具有如同血液中白血球般的作用。

　　寡樹突膠質細胞又稱為少突膠質細胞，這種細胞的突起會包圍住神經元的軸突，形成如髓鞘般具有絕緣效果的皮膜，可加速訊息傳遞的速度。

♠ 神經膠細胞

星狀膠質細胞
- 支撐神經元，補充營養
- 具有守衛的功能，可以防止有害物質的入侵
- 以神經傳遞物處理訊息

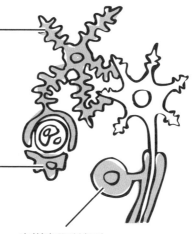

微小膠質細胞
- 維持大腦的免疫功能並處分老舊廢物

寡樹突膠質細胞
- 以軸突包圍神經元的軸突，形成髓鞘，可加速訊息的傳遞。

膠質細胞的聖誕樹呦！

神經元傳遞訊息的機制

　　手部所感受到的刺激傳遞到大腦，或大腦內各種活動，都是靠著神經元的電流訊息來傳遞。但是這種傳遞電流訊息的方式，與電線中電流傳遞的機制是完全不相同的。

　　電線的電流是帶負電的電子流過產生的，但是，神經元是由於細胞內外的電位差而傳遞電流訊息的。

　　以下進一步說明神經元軸突傳遞電流訊息的機制。

　　神經元被細胞膜所包覆著，通常細胞膜外側以帶正電的鈉離子（Na^+）居多，細胞膜內側以鉀離子（K^+）居多。所謂的離子就是帶電的原子，神經元細胞膜會將內側的鈉離子汲取出去，而將外側的鉀離子汲取進來，有類似幫浦的作用。這個幫浦可以將細胞內許多的鈉離子排出細胞，讓細胞膜外的正電位較高，形成細胞外帶正電，細胞內帶負電的情形。

　　傳遞訊息時，在神經元細胞接收訊息的部位，膜上有一個鈉離子通道的孔洞，以1000分之1秒的速度瞬間打開，讓鈉離子迅速流入細胞內。

　　鈉離子進入細胞，造成和平常狀態相反，細胞內的正電位比細胞外高。像這種細胞內的正電位，稱為神經衝動（impulse）。

　　瞬間發生的神經衝動，連帶引發細胞內的鉀離子排出到細胞外，於是快速恢復到平時的狀態。

　　相鄰的鈉離子通道會像這樣一個個連續打開，因此神經衝動就會像接力賽一樣傳遞下去。

　　電線中流過的電流，因為電阻的關係，若電線長度越長，電流

就會變得越弱。但是在神經元中所傳遞的電流訊息不會變弱。神經衝動傳送速度最大可達到秒速100公尺左右。

♠ 神經元傳遞訊息之機制

接受刺激
↓
細胞膜的鈉通道打開
↓
鈉離子流入細胞內

（細胞外）　暫時帶負電

（細胞內）　暫時帶正電

Na⁺　Na⁺　Na⁺

↓
細胞內的正電位升高
（神經衝動）

↓
這個神經衝動不斷的傳遞下去

觸電～

你有感覺？

啊！鈉離子通道打開了呢！

　　神經元是以樹突接收電流訊息（神經衝動），傳遞到軸突末端，接著電流訊息再傳遞到下一個神經元的樹突。

　　但是，軸突末端和樹突之間有一點距離，也就是說，兩個神經元之間並沒有直接連結。

　　這些神經元之間連結的位置稱為突觸（synapse），突觸之間的縫隙就稱為突觸隙間（synaptic cleft）。儘管突觸間隙的縫隙只有5萬分之1mm左右，但是這樣的距離無法傳遞電流訊息。

　　那麼神經是如何傳遞訊息呢？答案是將電流訊息轉換成化學訊息。

　　在樹突所接收到的訊息，透過軸突以電流訊息的方式傳遞，會一直傳遞到軸突末端膨脹的部位，這個部位含有囊泡（vesicle）。

　　傳遞到突觸末端的電流訊息刺激，使軸突末端的鈣離子通道打開，讓細胞外的鈣離子流入，造成突觸末端的囊泡釋放化學物質，這些化學物質稱為神經傳遞物。神經傳遞物有正腎上腺素（norepinephrine）、多巴胺（dopamine）及血清素（serotonin）等許多種類。

　　傳遞到神經元軸突末端的電流訊息，在囊泡裡轉換成化學訊息，釋放到另一個神經元的突觸（樹突），傳遞到下一個神經元。

　　放出神經傳遞物的神經元，稱為突觸前神經元（presynaptic neuron），接收神經傳遞物的神經元，則稱為突觸後神經元（postsynaptic neuron）。

　　突觸前神經元所放出的神經傳遞物，會與突觸後神經元的接受

器（receptor）結合，使接受器上的鈉離子通道打開，鈉離子就會流入細胞內，發生神經衝動，就這樣傳到下一個神經元。

♠ 神經元之間傳遞訊息的機制

電流訊息（神經衝動）傳到突觸末端
↓
突觸末端有鈣離子流入
↓
突觸囊泡釋放神經傳遞物
↓
神經傳遞物與突觸後神經元（樹突）的接受器結合
↓
樹突的鈉離子通道打開
↓
鈉離子流入細胞內
↓
產生神經衝動（impulse）
↓
神經衝動在神經元細胞之間傳遞

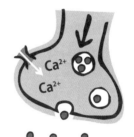

突觸前神經元
（樹突）

Ca²⁺
Ca²⁺

神經傳遞物

Na⁺
Na⁺

突觸後神經元
（軸突）

為何神經元不直接連結呢？

　　大腦由神經元的網路所構成，但是實際上神經元之間並沒有直接連結在一起，因此神經元所傳遞的電流訊息，要轉換成化學訊息才能傳遞到下一個神經元。

　　為什麼神經元之間沒有連接在一起呢？為什麼還要這麼麻煩地將電流訊息轉換成化學訊息呢？

　　這是因為如果神經元之間連結在一起，所有的電流訊息都會直接傳遞到大腦的整體部位。

　　如前所述，大腦各區域的角色不同，各具有不同的功用。所以並沒有必要將一個訊息傳遞到整個大腦。相反的，若所有的訊息都傳遞到整個大腦，會造成訊息過多，而無法產生正常的活動，大腦反而失去效用。

　　例如，身體痙攣的癲癇，就是電流過度傳遞所引起的。

　　由此可知，神經元傳遞的電流訊息在中途轉變成化學訊息，以控制這些訊息是否傳遞到下一個神經元。

　　在化學訊息之中有抑制的訊息，並不一定會將所有神經元所傳來的電流訊息都轉換成化學訊息，再傳到下一神經元。不必要的訊息會在傳遞途中受到抑制。

　　只有必要的訊息，會將電流訊息轉換成化學訊息，這是為了將更複雜的訊息傳遞到適當的腦部位置。

　　或許因為大腦活動不如機械那般精確，所以人們才會有各種心靈活動。

♠神經元

以神經傳遞物傳遞訊息的好處

・可以控制訊息的傳遞（只傳遞必要的訊息）
・可以傳遞比電流訊息更複雜的訊息

神經傳遞物的興奮與抑制

　　大腦是由神經元的網路所構成的，而神經元之間是靠著神經傳遞物來互相傳遞訊息的。

　　神經元之間傳遞訊息的神經傳遞物，目前已知的就有100多種左右，各自都有不同的功能。其中不僅是傳遞訊息的興奮型物質，還有相反的可讓訊息減弱的抑制型神經傳遞物。

　　總而言之，神經傳遞物可以大分為像汽車油門作用的興奮型物質，以及具有像剎車作用的抑制型物質兩大種類。

　　興奮型的代表性神經傳遞物有：麩醯胺酸（glutamine）、正腎上腺素（norepinephrine）及多巴胺（dopamine）等。抑制型的代表性神經傳遞物有胺基丁酸（g-aminobutanoic acid; GABA）及甘胺酸（glycine）等。麩醯胺酸就像是油門，而胺基丁酸（GABA）就像是具有煞車作用的神經傳遞物。

　　另外，一個神經元的樹突約有1萬個左右的突觸，而1個突觸基本上只能使用1種神經傳遞物。

　　大腦的訊息傳遞是以興奮型和抑制型神經傳遞物的特性，以及所釋放的神經傳遞物的量來控制的。

♠ 神經傳遞物的興奮與抑制

興奮型
讓神經興奮的神經傳遞物
（麩醯胺酸、正腎上腺素、多巴胺、乙醯膽鹼等）

抑制型
讓神經興奮受到抑制的神經傳遞物
〔胺基丁酸（通稱GABA）、甘胺酸等〕

興奮型與抑制型神經傳遞物，就像是油門和剎車的關係呢！

膜電位變化的機轉

　　突觸前神經元所釋放的神經傳遞物，與突觸後神經元的接受器結合，突觸後神經元就會產生神經衝動。

　　像這樣，突觸後神經元的細胞產生神經衝動，向軸突傳送電流訊息的過程，就稱為膜電位變化。

　　但是，突觸前神經元所發出的神經傳遞物來傳遞訊息，並不一定會引起突觸後神經元的膜電位變化。

　　要產生膜電位變化，所傳來的訊息一定要超過一定的強度。

　　因此有兩個方法。

　　第一個是，突觸前神經元要連續傳遞多個訊息，訊息累積起來才能引發膜電位變化，這叫做時間的累積。

　　另一個是，許多突觸前神經元同時傳遞訊息到同一位置，這些累積起來也會引發膜電位的變化，這是空間的累積。

　　這兩種方法都會產生膜電位變化，傳遞訊息。

♠ 突觸膜電位

時間的累積

1個突觸連續傳遞多個訊息

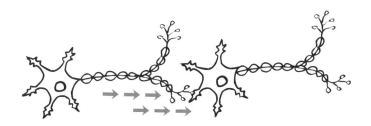

空間的累積

數個突觸同時傳遞訊息到同一位置

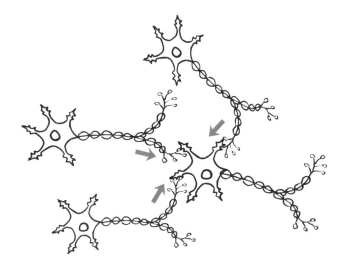

訊息傳遞與神經衝動

1個神經元的樹突，約有1萬個突觸。

大腦新皮質有140億個神經元，整個大腦約有1000億以上個神經元，每個經元的1個樹突各有1萬個左右的突觸在處理著訊息，由此可知大腦是多麼複雜的神經迴路。

基本上，1個神經元只釋放1種神經傳遞物。但是，接收的神經元（突觸後神經元）樹突上，常常會同時有多個神經元同時傳遞興奮型及抑制型神經傳遞物，也就是說，興奮型及抑制型訊息兩種會同時傳到接收的神經元。

結果，接收神經傳遞物的神經元，會以興奮型和抑制型兩種神經傳遞物，哪一種比較多，就產生興奮或抑制其中一種結果。

若傳遞興奮型神經傳遞物較多，神經元就會產生神經衝動。相反的，若傳遞抑制型神經傳遞物較多，就會抑制神經衝動。興奮型（正）和抑制型（負）合計起來，結果是正的值較大，也就是當神經衝動的發生超過一定量時，才會產生電流訊息到軸突。

大腦就像這樣，受興奮型及抑制型神經傳遞物所控制，這種方式比起單純只傳送電流訊息，可以傳遞更複雜的訊息。

♠ 傳遞訊息

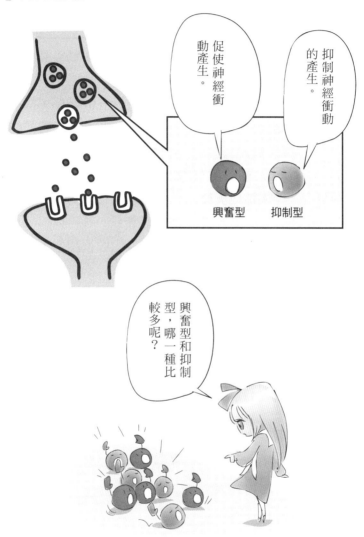

若興奮型超過抑制型，就會產生電流訊息（刺激）

神經傳遞物與接受器

突觸前神經元所釋放的神經傳遞物，會與突觸後神經元上的接受器結合。

神經傳遞物和接受器就像是鑰匙和鑰匙孔的關係，只有相互契合的一對才可以結合。例如，腎上腺素只能和腎上腺專門的接受器結合。

但是，與神經傳遞物結構相類似的物質，可以騙過接受器，而與接受器結合，結果造成與原本神經傳遞物相似的作用，研究人員利用這樣的特性而製造出各式各樣的藥物。

例如興奮劑的成分和神經傳遞物的多巴胺很類似，可以帶來異常的快感。

如果神經傳遞物一直與接受器結合，離子通道就會一直呈現打開的狀態，而持續傳遞訊息。為了防止這種情形，與接受器結合的神經傳遞物會立即離開。

離開接受器的神經傳遞物，或是無法與接受器結合的多餘神經傳遞物，會被突觸前神經元吸收，或是被酵素所分解，再製成神經傳遞物重新利用。

另外，突觸前神經元上面，附有監測神經傳遞物的感應器（自我接受器），當感應器判斷神經傳遞物的累積已達適量，就不會再釋放或製造神經傳遞物。

♠接受器

突觸前神經元所釋放的神經傳遞物，會與突觸後神經元上的接受器結合。

興奮型的神經傳遞物與接受器結合，接受器上某個可讓離子通過的通道（離子通道）就會打開，讓鈉離子流入突觸後神經元的細胞內。鈉離子是帶正電，所以細胞內的電位是帶正電，因而產生興奮型的訊息。

相反的，抑制型神經傳遞物與接受器結合，接受器上的離子通道會打開，而讓氯離子（Cl⁻）流入細胞。氯離子是帶負電的，所以會抑制細胞內的正電電位，形成抑制型的訊息。

離子通道打開，細胞內的鉀離子（K⁺）流出時，是抑制型訊息。鉀離子是帶正電，所以當鉀離子往外流，細胞內的電位就會下降。這種接受器稱為離子通道接受器。

由於興奮型與抑制型訊息的不同，超過神經衝動的一定量，就會發生膜電位變化。

若無法發生膜電位變化，訊息就會立刻停止傳遞，而不會傳遞到下一個神經元。

另外還有一種訊息的傳遞方法。神經傳遞物與接受器的結合，可活化突觸後神經元內特殊蛋白質，以控制興奮程度，這種接受器稱為G蛋白質耦合接受器（G-protein-coupled receptors）。

♠ 訊息傳遞的興奮與抑制

興奮型	抑制型
踩油門！	剎車！
神經傳遞物（興奮型）	神經傳遞物（抑制型）
↓	↓
與接受器結合	與接受器結合
↓	↓
離子通道打開	離子通道打開
↓	↓
鈉離子（Na$^+$）流入	氯離子（Cl$^-$）流入
↓	↓
電位變正電	電位變負電

綜 合 興 奮 型 或 抑 制 型 訊 息

↓	↓
產生膜電位變化	訊息消失
↓	
傳遞到下一個神經元細胞	

記憶與神經傳遞物有關。

雖然我們常常只以「記憶」兩字帶過,其實記憶分成許多種類。以記憶的時間來分,可分成短期記憶與長期記憶。短期記憶就如其名,只能記得幾秒到數小時左右,而超過這個短暫時期的就稱為長期記憶。

記得今天早上吃了什麼早餐的是短期記憶,記得一年前和男女朋友約會時所吃的晚餐就是長期記憶。

在短期記憶中,為實行某事而在短時間內所使用的記憶,稱為工作記憶。

例如,第一次打電話給某人,我們會先記住電話號碼再打,但是打完馬上就忘。另外,與人談話等場合若無法記住對方剛才所說的話,就無法進行對話。這些時候所使用的短期記憶,就是工作記憶。

在工作記憶中,一次只能記住7±2個數字。

在記憶10個號碼時,很難一次記住,常常要分成兩段記憶,這就是因為一次只能記住7個左右的數字。

依記憶內容來分,可以分為陳述性記憶(declarative memory)及非陳述性記憶。

所謂陳述性記憶是指可以文字或語言來表達的記憶,而陳述性記憶還可分為情節記憶和語意記憶。

所謂情節記憶(episodic memory)是指看到聽到或體驗到的記憶,而語意記憶(semantic memory)則是指反覆學習記得的英文單

字或歷史年號等一般知識。相對地，非陳述性記憶是無法以文字或語言來表達的記憶，最具代表性的就是程序性記憶（procedural memory）。

　　所謂程序性記憶，就像騎腳踏車的方法、彈鋼琴的技巧等，是以身體記住的記憶。

♠ 記憶與神經傳遞物

♥ 以時間分類

・**短期記憶**：數秒到數小時的記憶

　└→ **工作記憶**…進行某件事所使用的記憶

・**長期記憶**：數日到數年的記憶

神經傳遞物與記憶有關。

♥ 以內容分類

・**陳述性記憶**：可以文字或語言來表現的記憶

　├→ **情節記憶**…看到聽到或體驗到的記憶
　└→ **語意記憶**…如英文單字或歷史年號等記憶

・**非陳述性記憶**：無法以文字或語言來表達的記憶

　└→ **程序性記憶**…像騎腳踏車的方法等以身體記住的記憶

記憶儲存在哪裡？

記憶存放在大腦的哪裡呢？解開這個謎題是有段故事的。

1953年，美國有位27歲的男子為了治療癲癇（因為大腦異常而全身痙攣的疾病），接受了摘除海馬迴的手術。海馬迴就是顳葉內側一個像弓形的器官。

手術後，男子不再發生癲癇。奇怪的是，他雖然保留住過去的記憶，卻無法記住新的事物。

他可以記得接受手術前幾年前的事，但是卻連當天早上的早餐、剛剛遇見的人都完全記不起來。長期記憶還留著，但是短期記憶卻留不住。

從這個例子得知，短期記憶可能是儲存在海馬迴裡。由於摘除了海馬迴，長期記憶卻還是保留得很好，可見長期記憶儲存在海馬迴以外的其他地方。

經過學者的種種研究，人們了解記憶是大腦各部位共同工作的結果。

工作記憶是屬於短期記憶，這種記憶是暫時儲存在大腦額葉，之後有一部分會移至海馬迴。刺激經過大腦各部位的處理，某些記憶會移到海馬迴。移到海馬迴的短期記憶，經過多次反覆刺激會送到大腦新皮質成為長期記憶。

另外，騎乘腳踏車的方法等程序性記憶，主要是儲存於小腦和大腦基底核的殼核、尾核部位。

♠ 記憶與大腦

♥ 陳述性記憶的儲存處

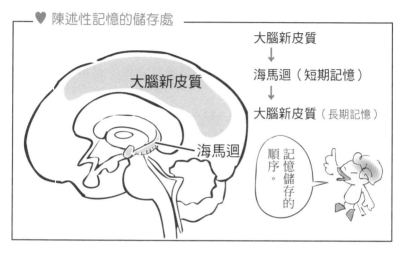

大腦新皮質
↓
海馬迴（短期記憶）
↓
大腦新皮質（長期記憶）

記憶儲存的順序。

♥ 非陳述性記憶的儲存處

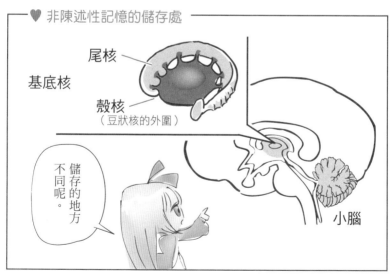

基底核

尾核

殼核
（豆狀核的外圍）

小腦

儲存的地方不同呢。

我們怎麼記憶呢？

記憶是經由神經元網絡所儲存。當然在記憶前與記憶後，神經元本身或神經元之間所連結成的網路應該會產生某些變化，變化重覆發生，就會形成記憶。

像這樣儲存大腦內所發生的變化，就稱為可塑性。舉例來說，將直直的鐵絲弄彎，鐵絲就會一直保持彎曲的狀態，這是可塑性。

如果大腦沒有可塑性，立刻就會恢復原來狀態，就無法儲存記憶。

反覆強烈的刺激，會增強連結神經元之間的接合部位突觸的傳遞效率，大腦就是這樣具有可塑性。

最先提出這種情形的是加拿大的心理學者唐納德‧赫布，因此又稱為赫布法則（或者稱為赫布理論）。

但是，大腦裡的神經元不會增生。要是大腦像皮膚細胞一樣會長出新的神經元來取代舊的神經元，神經元之間的迴路就會被破壞掉，就無法儲存以前的記憶。要是大部分神經元都被換新，就會變成另一種人格。

正因為神經元和連接神經元的迴路具有可塑性，所以記憶或人格才不會消失或改變。

然而，大腦神經元雖然不會增生，但是海馬迴中的某種神經元顆粒細胞則具有增生情形。

♠ 記憶的機制

「神經元」或是
「連結神經元的網路」起了變化

大脑要是沒有可塑性，就不能儲存記憶。

⬇

大腦儲存這種變化
　　　　（可塑性）

⬇

因強烈刺激而增強突觸的傳
遞效率

赫布法則提出者。

唐納德・赫布
（1904～1985年）
加拿大心理學者

短期記憶的機轉

實際上，大腦是如何儲存記憶的呢？首先我們來看看短期記憶的機制吧！

大腦內所傳遞的訊號是以電流訊息的形式傳到神經元末端，因為神經元之間沒有直接連結，所以傳到末端的訊息會透過末端所釋放的麩醯胺酸等神經傳遞物，而傳遞到下一個神經元。

傳遞到下一個神經元的神經傳遞物，會與接受的細胞表面接受器結合，如此一來，接受的離子通道會打開，鈉離子會流入細胞，結果產生神經衝動，再次變成電流訊息而傳遞出去。

此時，若在非常短的時間內反覆傳遞訊息，接受的神經元內會流入大量的鈉離子，升高神經衝動的強度。

神經元內的神經衝動升高，就會打開只有在強烈刺激下才會有反應的NMDA接受器這種特別的離子通道，讓鈣離子流入細胞。

由於鈣離子的作用，細胞內的預備接受器會移動到細胞表面。接受器若增加，離子通道會更加打開，更容易傳遞強烈訊息。另外，接受器增加還會更容易接受神經傳遞物，訊息傳遞的效率更好。

像這樣，以增強訊息強度及提升效率來儲存記憶，稱為長期增益效果（LTP）。

短期記憶主要是靠著增加接收者的接受器，增強訊息強度及提升效率來儲存記憶。但是若訊息一直處於中斷狀態，增加的接受器會恢復原來的狀態。這就是若不持續重覆刺激，短期記憶就會消失的原因。

♠ 短期記憶的機制

多次傳遞訊息

釋放的神經傳遞物（麩醯胺酸等）會增加

接收者的接受器會增加

訊息會增強，傳遞效率提升

這就是長期增益效果（LTP）。

記憶儲存

長期記憶的機轉

短期記憶是由於增加接受神經元表面的神經傳遞物接受器，但是若不做任何處理，增加的接受器會恢復原來的數目，結果，好不容易記住的東西會再度忘記。

因此，為了將記住的東西變成長期記憶，就要將接受器的數目增加。事實上，長期記憶就是透過這樣的機制而儲存下來。

以連續刺激增加接受者的接受器，再更進一步連續重覆傳送刺激，就會驅動神經元細胞核內的遺傳基因。遺傳基因在接受器增加的狀態下，可以製造新蛋白質，這樣的方式可以儲存長期記憶。

另外，科學家認為，連結神經元之間的突觸會不斷增生，突觸若增加，傳遞訊息的管道也會增加。

像這樣要儲存長期記憶，必須有合成接受器的材料，或是合成製造突觸的蛋白質，所以很花時間。因此，即使多次重覆練習，卻無法快速記住英文單字，就是這個原因。

這些是在大腦海馬迴及大腦新皮質內經常發生的情形。

經1個月到數個月左右，海馬迴所儲存的短期記憶，會透過大腦新皮質的作用，以長期記憶形式固定下來。

♠ 長期記憶機制

成為短期記憶之後，繼續傳來訊息

↓

啟動神經元細胞核的遺傳基因開關

↓

合成蛋白質

↓

接受器變多／製造新的突觸

↓

儲存記憶
長期處在訊息增強且有效率傳遞的狀態

有情緒的事件
比較容易記住嗎？

　　大家一定有這樣的經驗，對於不拿手的科目總是記不起來，但是對於自己喜歡的科目就可以自然而然的記住。

　　帶有快樂或悲傷等感情的記憶，通常會永遠記得。

　　這是因為動物腦內有儲存混合害怕等情緒的記憶機制。

　　對野生動物來說，最重要的是保護性命，避開危險，因此要優先記住被敵人襲擊或危險的經驗。

　　在海馬迴附近的杏仁核（扁桃核）與情緒有關，這裡會產生喜怒哀樂等情緒。杏仁核所產生的帶有情緒的訊息，會比其他訊息更容易傳遞到海馬迴，因此更容易形成長期記憶。

　　在海馬迴周邊有一個閉鎖性迴路，進入海馬迴的訊息，會經過腦弓、乳頭體及帶狀回，而再度回到海馬迴，稱為巴貝茲迴路。科學家認為，訊息在貝茲回路中轉來轉去，經固定而成為記憶。

　　但是，若是像災害、事故或戰爭等太過強烈恐怖的經驗，有時會形成創傷後壓力症候群（PTSD）。

　　不僅是恐怖的經驗，如同常言道「因為喜歡要更熟練」，有興趣的東西和喜歡的東西，會立刻記得，容易熟練，這是因為對於喜歡的東西，杏仁核會更加活躍，增加分泌多巴胺、正腎上腺素、乙醯膽鹼等，與欲望、記憶有關的神經傳遞物。

　　所謂帶有情緒的記憶，主要是體驗過的事情等，屬於情節性記憶，而讀書時不得不記住的，多屬於語意記憶。

　　由於帶有情緒或體驗的情節性記憶，較容易形成長期記憶，因此比較容易想起來。

因此，為了考試而機械性死背的東西，若能有更具體的印象，會比較容易記憶。

♠ 記憶與情緒

身體記憶的機轉

一旦學會騎腳踏車，即使有一段時間沒騎，你還是會騎腳踏車。像這樣以身體記憶的程序性記憶，是儲存在小腦。

前面說過的情節性記憶，是靠著增加神經元的接受器，以增強訊息傳達的效率及強度來記憶的，稱為長期增益效果。但是，程序性記憶的機制卻與情節性記憶不同。

小腦有很多稱為普金耶細胞（Purkinje cell）的神經元。例如第一次溜冰時，大家通常無法順利取得平衡，跌倒好幾次。這些體驗的訊息全部都會傳遞到普金耶細胞裡。

普金耶細胞，具有不易傳遞失敗或無用動作的機制，因此，反覆好幾次練習，錯誤的動作訊息不易傳到小腦，只有正確的動作訊息才會傳遞，稱為長期抑制。

經過反覆多次的練習，慢慢減少無用的動作，就可以順利學會溜冰。

還有，像反覆誦讀經文等長篇文章，過了很久以後仍能順利背誦。計算能力也一樣，只要熟練就能在短時間內計算出答案。

科學家認為，人們之所以能學會身體記憶，都是因為小腦的作用。

♠ 記憶和小腦

剛開始溜冰，所有的訊息都會傳遞到小腦的普金耶細胞。

無法取得平衡

搖搖晃晃

多加練習，無用的動作不會傳到普金耶細胞。

前進了一點

達到平衡

無法取得平衡

搖搖晃晃

不久，身體只傳遞正確的訊息，這叫做長期抑制。

平衡感好

時間抓得剛好

漂亮的動作

第3章

主要的神經傳遞物與作用

　　各種神經傳遞物左右著人們的思想、行為與睡眠。在本章，我們一個個探討這些神經傳遞物，歸納不同的作用。

主要的神經傳遞物

在神經元之間傳達訊息的化學物質，就是神經傳遞物。

神經傳遞物約有100種，但是已經完全瞭解其作用的卻很少。依據這些物質對大腦造成的影響，可以大致分為興奮型及抑制型兩種。

若以神經傳遞物的結構來區分，可以分成胺基酸類（amino acid）、單胺類（monoamine）、胜肽類（Peptide）等神經傳遞物。

胺基酸是形成蛋白質的材料，好幾種胺基酸連結在一起，會形成蛋白質。這種胺基酸類神經傳遞物，有麩醯胺酸（glutamine）及胺基丁酸（g-aminobutanoic acid；GABA）、甘胺酸（glycine）等。

單胺類是由胺基酸所形成的物質，胺基酸因為酵素的作用而形成單胺類。這種單胺類的神經傳遞物有多巴胺（dopamine）、正腎上腺素（norepinephrine）、腎上腺素（adrenaline）、血清素（serotonin）等。

另外，依結構的不同，可將單胺類其中的多巴胺、正腎上腺素及腎上腺素，分成兒茶酚胺（catecholamine）類，將血清素稱為吲哚胺（indoleamine）類。

胜肽類是由2個以上的胺基酸連接而成的蛋白質。胜肽類的神經傳遞物稱為神經胜肽。這種胜肽類的神經傳遞物有腦內啡（endorphin）及腦啡（enkephalin）等。這一類被稱為鴉片類物質（opioid、peptide），由於這種神經傳遞物是在大腦內製造的，所以又稱為腦內嗎啡。

♠ 主要的神經傳遞物

♥ 胺基酸類（最常見的神經傳遞物）

- · glutamine（麩醯胺酸）…典型的興奮型神經傳遞物
- · γ-aminobutanoic acid（胺基丁酸；GABA）…典型的抑制型神經傳遞物
- · glycine（甘胺酸）… 抑制型神經傳遞物

♥ 單胺類（由胺基酸形成的物質）

- · Acetylcholine（乙醯膽鹼）…最早發現的神經傳遞物
  　　　　　　　　　　　　　　　屬於興奮型，與記憶有關係。

[兒茶酚胺類]
- · dopamine（多巴胺）… 興奮型神經傳遞物，與快感、活力有關。
- · norepinephrine（正腎上腺素）… 興奮型神經傳遞物，與憤怒、活力有關。
- · adrenaline（腎上腺素）… 興奮型神經傳遞物，與害怕、活力有關。

[吲哚胺類]
- · serotonin（血清素）…具有調整功能，能讓精神穩定的神經傳遞物。
- · melatonin（褪黑素）…與睡眠等生理時鐘有關。

♥ 神經胜肽類（由2個以上胺基酸連接而成的蛋白質）

[麻藥類]
- · endorphin（腦內啡）…可以緩和疼痛，帶來幸福感
- · enkephalin（腦啡）…可以緩和疼痛，帶來幸福感

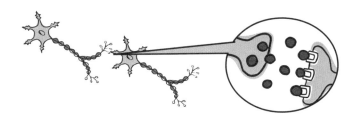

心靈會受到神經傳遞物的影響

人有喜、怒、哀、樂、恐怖及憤怒等各種情緒。

情緒與心靈狀態深深受到神經傳遞物的影響，神經傳遞物的種類及濃度將決定情緒及心靈狀態。

神經傳遞物可分成興奮型及抑制型，這些物質的運作達到平衡，我們就可以保持穩定的心情。

要是某種特定的神經傳遞物過強或過弱，導致失去了平衡，心靈狀態就不再維持穩定。

所謂憂鬱症等心理疾病，就是這些神經傳遞物失去平衡的狀態。

若是興奮型的神經傳遞物過多，會讓人焦躁不安，有時還會出現幻覺及妄想。相反的，興奮型神經傳遞物不足，情緒會低落，形成了憂鬱症。

會影響情緒及心靈狀態的神經傳遞物有正腎上腺素、腎上腺素、多巴胺、血清素及胺基丁酸（GABA）等，前者主要是具興奮型作用，後者胺基丁酸（GABA）則是抑制型的神經傳遞物。

這些物質互有相關、互相作用，形成了我們害怕、憤怒、活力、快感及喜悅等各式各樣的情緒。

若這些物質過多或過少，身體及心理都會出現障礙。

這些神經傳遞物主要是由於大腦邊緣系統的扁桃體運作而分泌出來的。

♠ 心靈和神經傳遞物相關知識

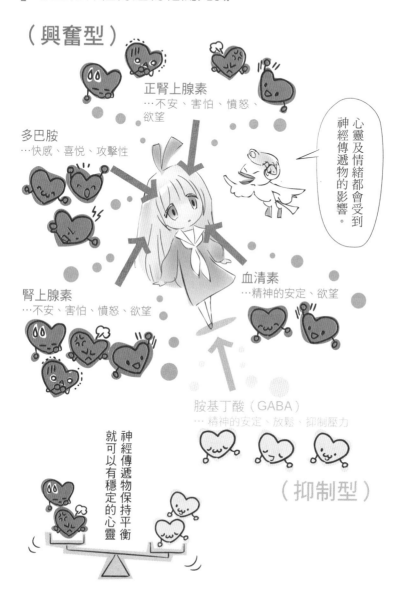

（興奮型）

正腎上腺素
…不安、害怕、憤怒、欲望

多巴胺
…快感、喜悅、攻擊性

腎上腺素
…不安、害怕、憤怒、欲望

血清素
…精神的安定、欲望

心靈及情緒都會受到神經傳遞物的影響。

胺基丁酸（GABA）
…精神的安定、放鬆、抑制壓力

（抑制型）

神經傳遞物保持平衡就可以有穩定的心靈

釋放神經傳遞物的神經核

　　喜、怒、哀、樂、愉快、不愉快等情緒變化，主要是由大腦邊緣系統的杏仁核、下視丘和前額葉皮質區所產生的。

　　來自外界的刺激傳到杏仁核，杏仁核會和刻劃記憶的海馬迴及大腦新皮質相互連絡，最後將訊息傳到前額葉皮質區，產生各式各樣的情緒。

　　產生這些情緒的訊息，是由神經傳遞物所傳遞，而控制神經傳遞物分泌的，是位於腦幹的一種神經元集合處，神經元大量聚集在一起，稱為神經核。神經核可以稱為小小的大腦，而腦幹之中有許多這種可以分泌神經傳遞物的神經核。

　　這些神經核會將神經纖維延伸到大腦的廣大範圍之中，依據杏仁核的指令，分泌去甲腎上腺、多巴胺、腎上腺素、血清素等到大腦內各處。

　　神經核在腦幹內排列成行，可以分成A、B、C三個系列。

　　A系列為A1～A16的神經核，其中A1～A7的神經核分泌正腎上腺素，A6的神經核特別大，又是藍色，所以稱為藍斑核。

　　A8～A16的神經核分泌多巴胺，其中以A9和A10特別大，A9被稱為黑質核，而A10被稱為腹側被蓋區。C的神經核會分泌腎上腺素。

　　B的神經核具有調節功能，可調節A、C神經核所分泌的神經傳遞物，血清素是由腦幹的縫線核所分泌。

♠ 腦幹神經核分布圖

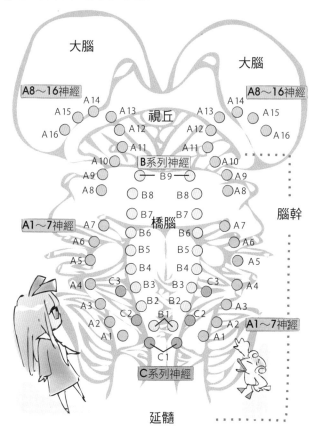

·A1～A7　→　分泌正腎上腺素 （其中A6特別大，稱為藍斑核）	
·A8～16　→　分泌多巴胺 （A9的黑質核和A10的腹側被蓋區特別大）	
·B系列　→　抑制A、C系列的神經傳遞物分泌	
·C1～C3　→　分泌腎上腺素	
·縫線核　→　分泌血清素	

血清素可以安定神經

體內的血清素（serotonin）約90%是位於腸道等消化道，以調節消化道的運動。

刺激延髓的嘔吐中樞，可引起嘔吐的作用。含有高濃度血清素的抗憂鬱藥物，副作用往往是會想吐，是因為這個原因。

約8%的血清素是在血液中的血小板，具有止血作用。另外，血清素還有血管收縮的作用，所以當血清素過多，會引起大腦血管收縮的偏頭痛問題。

大腦內作用神經傳遞物的血清素，大約只佔人體全部血清素的2%。從腦幹的縫線核延伸出血清素系統，根據作用的部位不同，可分成興奮型及抑制型。簡單的說，血清素具有可調節正腎上腺素及多巴胺，消除不安感，讓精神安定，鎮靜的作用。

舉例來說，血清素不足，會造成憂鬱症或焦慮症，無法平靜，會衝動、具攻擊性。因此，對憂鬱症等精神病患的藥物治療，通常就是利用血清素的作用。

除此之外，血清素與睡眠、清醒、食慾、攝食障礙及性慾等有關。一般來說，血清素不足，會造成睡眠障礙，還會增加食慾及性慾。

大腦內的血清素濃度過高，會形成血清素症候群，特別容易出現在合併服用抗憂鬱藥物和其他藥物時。主要的症狀有不安、焦躁、意識模糊、有幻覺、興奮、頭痛、暈眩、嘔吐、發燒、拉肚子、發汗、心跳加速、肌肉異常運動及手部震顫等。

♠ 血清素

♥ 血清素的體內分布及作用

- 消化道（約**90%**）…調節消化道的運動
- 血小板（約**8%**）…止血作用、血管收縮作用
- 大腦內（約**2%**）…作為神經傳遞物

♥ 作為神經傳遞物的血清素

- 調節正腎上腺素及多巴胺
- 消除不安、安定神經
- 與睡眠、清醒、食慾、性慾有關

♥ 血清素不足

- 憂鬱症、焦慮不安、睡眠障礙
- 增加食慾及性慾

♥ 血清素過多

- 血清素症候群
（不安、幻覺、興奮等）

精神病患的藥物治療，通常就是利用血清素的作用。

血清素與生理時鐘

　　到了早上自然而然清醒，到了晚上就會想睡，這種生理節奏稱為生理時鐘。

　　身體之所以會這樣，是因為人和動物體內都擁有生理時鐘，而生理時鐘是由於下視丘的視交叉上核這個部位的作用而產生的。

　　早上，眼睛受到光線的刺激，可重新設定了生理時鐘的開關。人體內的生理時鐘週期不知為何設定為25小時，這個1小時的差異可以靠著沐浴在晨光中而校正，修正為24小時。

　　所以，早上若不能照射到陽光，或是總是在密閉的房間裡，生活節奏就會漸漸紊亂，結果變成夜行性的生活。

　　與這種睡眠和清醒的節奏有關的，就是血清素；血清素可製造稱為睡眠荷爾蒙的褪黑激素（melatonin）。褪黑激素是由腦幹內的松果體所分泌的。

　　若沐浴在晨光中，睡眠時幾乎處於休止狀態的血清素神經系統會開始活動，分泌血清素，同時分泌正腎上腺素，讓大腦清醒，開始活動。

　　近年來發現，下視丘神經核所分泌的食慾素（orexin）具有讓大腦處於清醒狀態的作用。事前什麼徵兆都沒有就突然睡著的猝睡症（narcolepsy）病患，就是因為食慾素沒有發揮作用。

　　我們早上之所以可以完全清醒的起床，是因為有血清素的作用。相反的，若血清素的作用不佳，大腦很難開始活動，早上起床會變得很痛苦，無法清醒。

♠ 血清素和生理時鐘

早上沐浴在晨光中，會促進分泌血清素而讓大腦清醒。

清醒

血清素、褪黑素與睡眠

在白天會持續分泌血清素，控制著正腎上腺素和多巴胺的作用，並保持精神的穩定，讓大腦處於鎮靜的清明狀態。

隨著夜晚的來到，血清素的分泌減少，而相反的，變暗後來，松果體就會開始釋放褪黑素。

褪黑素（melatonin）可以鎮靜大腦的興奮，讓人放鬆，體溫下降，因而有誘導睡眠的作用。

褪黑素是由白天所分泌的血清素生成的，因此白天血清素分泌量少，只能生成少量的褪黑素。

褪黑素的量少，就不容易入睡，或是造成無法熟睡等睡眠障礙。所以血清素濃度低，容易引起憂鬱症等睡眠障礙。

睡眠中所分泌的褪黑素，具有去除體內自由基的抗氧化作用，以及防止細胞變成癌細胞的抗癌作用。睡眠中還會分泌生長激素，修補體內受傷的細胞，或是增強免疫力。由此可知睡眠對健康非常重要。

早上沐浴在晨光裡，就不會再分泌褪黑素，而是開始分泌血清素及正腎上腺素，讓人清醒。

我們已經知道，褪黑素及血清素具有調節體內生理時鐘的功能，若不讓決定生理節奏的血清素及褪黑素正常活動，體內的生理時鐘就會紊亂。

♠ 血清素和褪黑素

白天分泌血清素，讓精神穩定。

接近夜晚，血清素的分泌減少，褪黑素開始分泌。

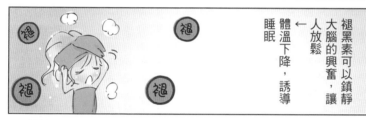

褪黑素可以鎮靜大腦的興奮，讓人放鬆←體溫下降，誘導睡眠

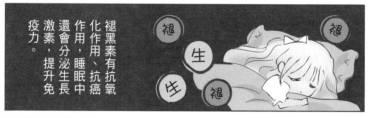

褪黑素有抗氧化作用、抗癌作用，睡眠中還會分泌生長激素，提升免疫力。

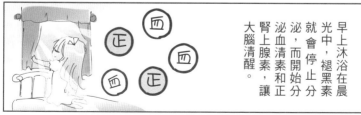

早上沐浴在晨光中，褪黑素就會停止分泌，而開始分泌血清素和正腎上腺素，讓大腦清醒。

如何增加血清素

要讓血清素在體內活潑的運作，首先必須要正常分泌血清素。

血清素是由必需胺基酸的色胺酸（Tryptophan）所製造的，因為人體本身不會製造色胺酸，所以一定要從食物中攝取。含有較多色胺酸的食品有肉類、納豆、杏仁、乳製品等。同時為了要有效率的製造血清素，最好均衡的攝取維他命B6等維他命。

為了活化血清素神經核系統，早上一起床就要曬曬太陽，因為一接收到陽光，身體就會開始分泌血清素。

再加上有節奏的運動或走路等，可以活化血清素神經核系統。

從這些事情可以明瞭，要預防或改善憂鬱症，走路或慢跑等輕度運動最具效果。早上的走路和慢跑，可以說是活化血清素神經系統的最佳方法。

吃早餐也很重要。因為吃早餐可讓腸胃活動，更容易重新設定體內生理時鐘。還有，吃早餐時，咀嚼食物是一種有節奏的運動，也可以讓血清素神經核系統活化。

若不吃早餐就無法提供大腦葡萄糖等營養，大腦的活動就會降低。

♠ 如何製造血清素

要怎樣才能產生血清素呢？

肉類

納豆

乳製品

杏仁

從食物攝取製造血清素的色胺酸。

同時要攝取維他命B6。

要好好咀嚼食物。

好麻煩

沐浴在晨光中健走，可以活化血清素。

感覺好舒服～

多巴胺是帶來快樂的物質

多巴胺（dopamine）稱為快樂物質，當從事快樂的事情，達到目的，被稱讚等時刻，會感到快感及幸福，都是因為大腦分泌了多巴胺。

多巴胺與做事的動力有關。要開始學習新事物，或是在做旅行計劃時的興奮感，都是因為分泌多巴胺所導致。

另外，人們喜歡做快樂的事，是因為多巴胺的回饋與學習的作用。當做某行為而放出多巴胺讓人感到快樂，大腦會學習重覆做同樣的事。

主要的多巴胺神經核系列，是由位於腦幹的黑質核（A9神經）和腹側被蓋區（A10神經）的延伸。

從黑質核所延伸出來的神經與運動機能有關，黑質核若變性，讓多巴胺減少，就會罹患巴金森氏病。

從腹側被蓋區所延伸出來的神經，可抵達大腦邊緣系統的伏隔核（nucleus accumbens）及前端的前額葉皮質區。伏隔核和前額葉皮質區釋放多巴胺，讓人感到快樂、幸福和動力。多巴胺可以激起人類特有的想像力，但若是多巴胺增加過多，就有可能造成上癮症和精神分裂症。

興奮劑和多巴胺的結構相類似，具有和多巴胺一樣的作用，可以讓大腦得到快感。而藥物及賭博之所以容易上癮，是因為大腦想要釋放更多的多巴胺。

多巴胺是由苯丙胺酸（Phenylalanine），經過酪胺酸（Tyrosine）及L多巴（L-Dopa）作用而生成的。

　　此外，正腎上腺素和腎上腺素，是由多巴胺→正腎上腺素→腎上腺素所生成的。

♠ 多巴胺①

♥ 主要的多巴胺和作用

- 黑質核（**A9**神經）⋯運動神經
- 腹側被蓋區（**A10**神經）⋯快樂、意念、動機

♥ 多巴胺不足時

- 沒精神，與憂鬱症有關
- 巴金森氏病

♥ 多巴胺過多時

- 興奮狀態、攻擊性
- 上癮症
- 幻覺、妄想
- 精神分裂症

搗麻糬好有趣喔。

心情好、樂悠悠

我們倆都不停在分泌多巴胺呢！

多巴胺是動力的能源

當多巴胺神經系統感受到欲望，使欲望得到滿足，會變得更加活化。

從腹側被蓋區（A10神經）延伸出去的多巴胺神經核系列，稱為報酬系統。在做某些行為時所釋放的多巴胺可以讓人感到更快樂，大腦就會學習，產生再度進行該行為的欲望。多巴胺可以為大腦帶來無比的快樂，當作報酬，人們因此會為了得到更大的快樂而努力。

這種報酬系統的學習循環，是動物生存所不可或缺的。

人之所以可以建立高度的社會，是為了可以得到更大的快樂及幸福，因此不斷進行某些活動和行為。

以個人來說，反覆滿足欲望、達成目標，並更進一步產生更大的欲望，因此而得以成長。因此說人類是為了追求快樂而行動，一點都不為過。

通常神經傳遞物過度釋放時，抑制系統的負回饋就會發揮作用，不會再釋放神經傳遞物。

但是，人類的前額葉皮質區並沒有抑制多巴胺的機能，因此可以不斷產生快感。

♠ 多巴胺②

♥ 多巴胺的報酬系統

感受欲望／滿足欲望

↓

活化多巴胺神經系統

↓

釋放多巴胺

↓

大腦感受到快樂

↓

記憶欲望（行為）

↓

想再度進行某行為 ┐
　　　　　　　　　├ 報酬系統
想再度滿足某欲望 ┘

好想要！

哇！新工具出來了。

欲望是無止盡的。

興奮

為什麼會有上癮症？

多巴胺神經核系列趨使人們不斷追求更大的快樂，這份動力要是運用在工作或讀書，對自己來說是加分的。但是，有時為了多次體驗快感而敗給了欲望，就會形成上癮症或是中毒情形。

例如，小鋼珠上癮症。日本的小鋼珠一中大獎就會滾出很多珠子，大腦就會釋放大量的多巴胺，讓人感到快感。如此一來，大腦會想要重覆體會這種快感，所以每天都會想去打小鋼珠。

像這樣想透過重覆的行為而得到快感的強烈欲望，稱為心理上癮症。

若反覆攝取酒精或藥物等，會從心理上癮轉變成生理上癮。所謂生理上癮症就是一旦中斷就會出現戒斷症狀。

若反覆使用好幾次酒精或藥物，同樣的藥量就不再有效，稱為抗藥性。一旦產生抗藥性，若不服用更多藥量就無法得到相同的藥效。之前只要服用1錠就有效的藥物，變成若不服用2錠就無效。服用量若不足，就會出現戒斷症狀。

之所以會出現抗藥性和戒斷症狀，還有下述原因。

大腦具有經常保持神經傳遞物平衡的功用。若服用1錠具興奮作用的藥物，就會出現抑制的作用。過了一段時間，服用1錠，會因為抑制了興奮作用而不再有效。此時，在服用1錠藥物的狀態下已達到了平衡，若接下來停止服用這1錠藥物，平衡就會偏向抑制，而出現戒斷症狀。

♠ 抗藥性及戒斷症狀

抑制

興奮

若服用興奮型的藥物就會偏向興奮

這是藥物有效的狀態。

興奮

抑制

過了一段時間，回到平衡狀態

這是抗藥性。

興奮

抑制

若停止服藥，就會偏向抑制

這是戒斷症狀。

興奮劑帶來興奮及快感的理由

　　一般說到興奮劑，是指安非他命或甲基安非他命，俗稱搖頭丸或快樂丸。

　　興奮劑的結構和多巴胺相類似，可促進多巴胺釋放，同時會妨礙多巴胺的再吸收，讓大腦內的多巴胺濃度升高。結果產生強烈的興奮或快感。

　　當多巴胺過剩，會引起幻覺及妄想，也會引起精神分裂症。

　　古柯鹼、鴉片和LSD等藥物和興奮劑一樣，可以促進多巴胺、正腎上腺素和血清素等的釋放，或是阻止再吸收，因而有提高這些神經傳遞物濃度的作用。

　　與神經傳遞物具有同樣作用的物質，稱為促效劑（agonist），具有阻礙神經傳遞物作用的物質，則稱為拮抗劑（antagonist）。

　　河豚的毒素tetrodotoxin（河豚毒素）就是阻礙神經元傳遞訊息的鈉離子通道拮抗劑，會引起神經麻痺。

　　此外，喝了酒之所以會心情變好，是因為抑制多巴胺釋放的神經傳遞物，功能降低，造成多巴胺濃度升高所致。

♠ 藥物帶來興奮和快感的機制

安非他命、甲基安非他命　興奮劑和多巴胺的結構相似

↓

促進多巴胺的釋放
阻礙多巴胺的再吸收

↓

多巴胺的濃度升高

↓

得到強烈的興奮與快感

↓

幻覺、妄想（多巴胺過剩）

這和多巴胺過多所造成的精神分裂症是相同的症狀。

♥ 促效劑／拮抗劑

・**促效劑**…和神經傳遞物具有相同作用的物質
（興奮劑等）

・**拮抗劑**…阻礙神經傳遞物作用的物質
（河豚毒素等）

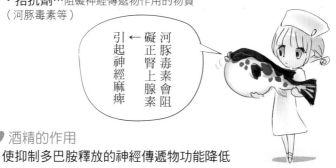

河豚毒素會阻礙正腎上腺素 ← 引起神經麻痺

♥ 酒精的作用

使抑制多巴胺釋放的神經傳遞物功能降低

↓

造成多巴胺濃度升高

多巴胺不足會罹患巴金森氏症

巴金森氏症是常在60歲以上高齡者發作的一種大腦疾病。這種疾病首次於1817年由英國的詹姆斯‧巴金森提出報告，因而得名。

每10萬日本人口中，有100～150人會得到此病。

巴金森氏症的主要症狀是運動功能障礙。患者的身體動作會遲緩，手腳會震顫，臉部缺乏表情，說話的方式很單調，走路時會前傾，容易跌倒。當病況再發展得更嚴重，就會變得無法行走。

巴金森氏症的直接原因，是位於腦幹中分泌多巴胺的神經核黑質核變性，黑質核滅絕，目前還無法得知為什麼黑質核會變性。

黑質核延伸的多巴胺神經系統，是延伸到與運動功能有關的大腦基底核的紋狀體（殼核和尾核）。但是，黑質核變性，紋狀體就會減少多巴胺的釋放。多巴胺本來具有抑制紋狀體大量的乙醯膽鹼的作用，因此紋狀體的多巴胺若不足，乙醯膽鹼的作用就會過度，結果就出現了巴金森氏症特有的症狀。

人們已經了解到，巴金森氏症是因為由多巴胺不足而引起的，在治療方面採取補充多巴胺的藥物療法。若直接攝取多巴胺，但因為多巴胺本身無法透過血腦障壁到達大腦，所以要使用多巴胺的前驅物質L多巴（L-Dopa），此物質可進入大腦，在大腦中可轉變成多巴胺。

♠ 巴金森氏症

└── 每10萬日本人口中，有100～150人會得到此病

・身體動作遲緩
・手腳震顫
・臉部缺乏表情
・説話方式單調
・行走時會前傾而容易跌倒
・病況加劇時會無法行走

♥ 巴金森氏症的原因

腦幹中的黑質核變性且減少

↓

紋狀體（殼核和尾核）的多巴胺不足

↓

乙醯膽鹼的作用過度

↓

引起運動機能方面的障礙

這是常發作在60歲以上高齡者的一種大腦疾病。

正腎上腺素
在緊急狀況下發揮功能

正腎上腺素（norepinephr ine）是興奮型的神經傳遞物。

在大腦中，由腦幹的藍斑核（A6神經）等延伸出的神經核系列所釋放，會在交感神經製造，成為直接作用在各標的器官的訊息物質。另外，也可作為荷爾蒙，由副腎髓質分泌。

正腎上腺素的主要作用與害怕、憤怒、不安、注意、集中、清醒、鎮痛有關。

尤其是在抉擇戰鬥或逃走（戰或逃）的關鍵時刻，正腎上腺素大大發揮作用。可使短時間內身體和大腦會處於害怕和不安，被迫因應外來壓力。

作用結果會發生促進心臟跳動、血壓上升、瞳孔放大等情形，連受傷了不會感到疼痛，具有鎮痛效果。大腦的活動和集中力都上升，身體處於備戰狀態。

若正腎上腺素神經系統過度興奮，會引起恐慌症的發作。

短期間的壓力讓正腎上腺素釋放，可以更加努力工作。但是在持續的壓力下，正腎上腺素反而會減少，造成憂鬱症、不安焦慮及自主神經失調等。

因為壓力會促使正腎上腺素的釋放，而持續性的壓力會讓正腎上腺素處於經常釋放的狀態，所以緊急時刻正腎上腺素的製造會減少。

正腎上腺素是由多巴胺產生的。

♠ 正腎上腺素

♡ 正腎上腺素

- ‧腦幹的藍斑核（A6神經）…具有神經傳遞物作用
- ‧交感神經…作用於標的器官
- ‧副腎髓質…分泌，以作為荷爾蒙

♡ 正腎上腺素的作用

在緊急狀況時，讓身體處於備戰狀態

血壓上升了喔　戰鬥吧　要逃走嗎　看來很糟的樣子

戰或逃

♡ 若處於持續性的壓力下

正腎上腺素減少

↓

造成憂鬱症、焦慮不安、自主神經失調

這是突然感受到強烈壓力，而造成心悸、無法呼吸、暈眩，以及有強烈的不安感的一種精神疾病。

正腎上腺素過剩造成恐慌症，什麼是恐慌症呀？

腎上腺素

腎上腺素（adrenaline）是興奮型的神經傳遞物，腦幹的神經系統會釋放這種神經傳遞物，但主要是由副腎髓質分泌，作用是荷爾蒙。

腎上腺素的作用大致和正腎上腺素相同。相對於正腎上腺素主要作用是神經傳遞物，腎上腺素主要是作為荷爾蒙分泌到血液中，作用於肌肉和內臟器官，讓身體處於備戰狀態。大家常說「腎上腺素分泌出來了」就是這個原因。

腎上腺素是1901年日本化學家高峰讓吉首次分離出來，加以結晶化，命名為腎上腺素。

同時，美國的Abel也成功分離出來，並命名為「epinephrine」。adrenaline和epinephrine都是副腎的意思，是同一種物質，中文都稱為腎上腺素。在美國腎上腺素被稱作「epinephrine」。

腎上腺素是經由多巴胺→正腎上腺素→腎上腺素的途徑變化而來的，順帶一提，正腎上腺素是在發現腎上腺素後來才發現的物質。正腎上腺素的「正」字，代表正腎上腺素比腎上腺素，是更接近基本型態的化合物，但也有其他各種不同的說法。

♠ 腎上腺素

♥ 腎上腺素

- ・腦幹的神經系統…作用為神經傳遞物
- ・副腎髓質…作用為荷爾蒙

♥ 腎上腺素的作用

和正腎上腺素大致相同
（・腎上腺素主要是作為荷爾蒙
（・正腎上腺素主要是作為神經傳遞物

高峰讓吉
（1854～1922年）
日本化學家、實業家

高峰讓吉先生最早成功分離腎上腺素，並將之命名為adrenaline，後來日本及歐洲都沿用此名稱。

在美國，腎上腺素則稱為epinephrine呢！

乙醯膽鹼與學習記憶

乙醯膽鹼是人類最早發現的神經傳遞物，具有在副交感神經及運動神經傳遞訊息的功能。

副交感神經分泌乙醯膽鹼到標的器官，會產生與交感神經相反的作用。簡單的說，交感神經所分泌的神經傳遞物正腎上腺素，會讓身體處於備戰狀態，相對的副交感神經所分泌的神經傳遞物乙醯膽鹼則會讓身體休息，儲備能量。

另外，大腦的乙醯膽鹼神經系統是從前腦底部的梅納德氏基核（the nucleus basalis of Meynert）及內側中隔核部位延伸出來，與學習、記憶、清醒及睡眠有關，因此，科學家認為乙醯膽鹼減少，就會罹患阿茲海默症。

早期的抗憂鬱藥物有阻礙乙醯膽鹼的作用（anticoline作用；抗膽鹼作用），而有讓副交感神經功能出現異常的作用。若乙醯膽鹼過剩，則會誘發巴金森氏症。

乙醯膽鹼是由膽鹼和乙醯基所生成的，在蛋黃、肝臟及堅果類等食物的卵磷脂（lecithin）中富含膽鹼。

♠ 乙醯膽鹼的作用

♥ 乙醯膽鹼的作用

在大腦…作為神經傳遞物
與學習、記憶、清醒和睡眠有關
在身體…作為內分泌物質
與休息及儲備能量有關

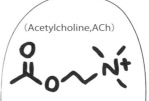

（Acetylcholine, ACh）

乙醯膽鹼是人類最早發現的神經傳遞物。

♥ 乙醯膽鹼若減少

・阿茲海默症

♥ 乙醯膽鹼若過剩

・巴金森氏症

乙醯膽鹼的接受器

　　從神經元所釋放的乙醯膽鹼，與接受器結合而傳遞訊息，乙醯膽鹼接受器有兩種，分別是蕈毒鹼型乙醯膽鹼接受器（Muscarinic Cholinergic Receptors; mAChR）和菸鹼型乙醯膽鹼接受器（Nicotinic Cholinergic Receptors; nAChR）。

　　蕈毒鹼型是存在於蛤蟆菌等有毒蕈類中，具有和乙醯膽鹼相同的作用，所以得名。

　　乙醯膽鹼與蕈毒鹼型乙醯膽鹼接受器結合，可以使瞳孔縮小。另外，在大家常用的草藥顛茄這種多年生植物中，含有阻礙乙醯膽鹼作用的阿托品（atropine），阿托品因為可以阻礙乙醯膽鹼的作用而使瞳孔放大，所以這個物質被當成眼科的散瞳劑來使用。

　　尼古丁是香菸中所含有的物質，因此取名為菸鹼型乙醯膽鹼接受器。抽菸時，尼古丁會與菸鹼性乙醯膽鹼接受器結合，產生和乙醯膽鹼相同的作用。

　　乙醯膽鹼有清醒的作用，吸菸者吸收尼古丁之後，可鎮靜心情或使頭腦清楚。但是持續吸菸，尼古丁會取代乙醯膽鹼的作用，體內的乙醯膽鹼濃度就會降低，所以吸菸者若不經常從香菸中補充尼古丁，會陷入乙醯膽鹼不足的狀態，導致很想抽菸，若停止抽菸會產生戒斷症狀。

♠ 乙醯膽鹼接受器

♥ 乙醯膽鹼接受器

蕈毒鹼型乙醯膽鹼接受器（存在於蛤蟆菌等有毒蕈類中）
・與乙醯膽鹼結合→縮小瞳孔
・阿托品抑制結合→放大瞳孔

菸鹼型乙醯膽鹼接受器（存在於香菸中）
・與尼古丁結合→**具有**與乙醯膽鹼有相同的作用

♥ 無法戒菸的機轉

持續抽菸，乙醯膽鹼會減少
↓
不補充尼古丁，會陷入乙醯膽鹼不足的狀態
↓
很想吸菸
↓
停止吸菸會出現戒斷症狀

乙醯膽鹼具有清醒的作用，吸菸者吸收尼古丁，可鎮靜或使頭腦清楚。

阿茲海默症的原因

　　阿茲海默症又稱失智症，是因為大腦神經元減少，大腦萎縮而產生的疾病。乙型澱粉樣蛋白（ β -amyloid）這個物質原本是身體中所具有的蛋白質，科學家認為，當這種蛋白在大腦堆積過多，就會引起阿茲海默症。

　　在堆積了乙型澱粉樣蛋白的大腦表面，會出現稱為老化斑的褐色斑塊，是阿茲海默症的特徵。

　　以下介紹乙型澱粉樣蛋白引起阿茲海默症的機轉。

　　神經元之間的訊息傳遞大多仰賴麩醯胺酸，與神經元接受器結合的麩醯胺酸會由神經膠細胞回收。乙型澱粉樣蛋白的作用，可使神經膠細胞的功能活化。

　　如果所釋放的麩醯胺酸在與接受器結合之前，就先被神經膠細胞回收，造成傳達訊息的麩醯胺酸因而減少，就無法傳達訊息，就會導致阿茲海默症。

　　阿茲海默症的早期記憶障礙就是這樣發生的，若這種情形持續發生，神經元會漸漸死亡。

　　目前已知罹患阿茲海默症，與記憶及學習有關的神經傳遞物乙醯胺酸也會減少。這是因為乙型澱粉樣蛋白的堆積，而造成分泌乙醯胺酸的神經元集體死亡。

♠ 阿茲海默症（失智症）

由於大腦神經元減少，大腦萎縮而產生。
大腦表面會出現稱為老化斑的褐色斑塊。

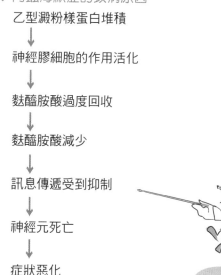

♥ 阿茲海默症的致病原因

乙型澱粉樣蛋白堆積

↓

神經膠細胞的作用活化

↓

麩醯胺酸過度回收

↓

麩醯胺酸減少

↓

訊息傳遞受到抑制

↓

神經元死亡

↓

症狀惡化

此時會發生早期記憶障礙。

阿茲海默症的治療與乙醯膽鹼

罹患阿滋海默症時，分泌神經傳遞物乙醯膽鹼的神經元會死亡，造成乙醯膽鹼不足。因為乙醯膽鹼是與學習記憶有關的神經傳遞物，所以會產生失智症狀。

反過來說，若是給予乙醯膽鹼，增加乙醯膽鹼，是否能減緩阿茲海默症的症狀呢？有人提出了這樣的想法。

但是，即使從外界補充乙醯膽鹼，會在體內被分解，所以無法期待效果。

即使是神經元所釋放的乙醯膽鹼，在與接受器結合之後，也馬上會被酵素所分解。

這個想法的重點是，抑制分解乙醯膽鹼的酵素作用，以增加乙醯膽鹼。分解乙醯膽鹼的酵素，就是乙醯膽鹼脂酶（acetylcholine esterase）。

日本的製藥公司研發出乙醯膽鹼脂酶的藥物Donepezil（商品名：Aricept）於1999年開始上市。

此外，若過度抑制乙醯膽鹼脂酶的作用，會造成乙醯膽鹼濃度過度上升，有時會造成死亡。因地下鐵沙林毒氣事件而廣為人知的沙林，正是會帶來這樣的作用，沙林會阻礙乙醯膽鹼脂酶的作用，造成乙醯膽鹼濃度急速上升，使人體肌肉和器官無法正常運作，尤其癱瘓肺部肌肉，造成窒息死亡。

♠乙醯膽鹼

因為乙醯膽鹼減少，所以引起阿茲海默症。

那麼只要增加乙醯膽鹼來治療就好啦！

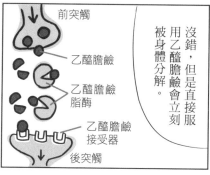

沒錯，但是直接服用乙醯膽鹼會立刻被身體分解。

前突觸
乙醯膽鹼
乙醯膽鹼脂酶
乙醯膽鹼接受器
後突觸

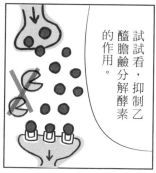

試試看，抑制乙醯膽鹼分解酵素的作用。

抑制乙醯膽鹼分解酵素，造成乙醯膽鹼的量增多。

乙醯膽鹼分解酵素的抑制藥物

啊！原來還有這樣的藥物喔！

Aricept5mg

麩醯胺酸與胺基丁酸

麩醯胺酸（glutamine）是調味料的胺基酸，在大腦內是最普遍的興奮型神經傳遞物。

平常，麩醯胺酸是負責在神經元之間傳遞訊息，具有與記憶和學習有關的重要功能。

麩醯胺酸的減少與阿茲海默症、精神分裂症有關。相反的，麩醯胺酸過多，會造成神經過度興奮而產生癲癇。

胺基丁酸（GABA）是最普遍的抑制型神經傳遞物，在體內是從麩醯胺酸所生成的胺基酸。

如果說麩醯胺酸及多巴胺、正腎上腺素是油門，胺基丁酸就是煞車，彼此互相作用可保持大腦內的平衡。胺基丁酸具有鎮靜神經的興奮、緊張及不安的作用。

因此可知，胺基丁酸與焦慮不安、睡眠障礙、憂鬱症、精神分裂症等精神症狀有關。

現在醫界常用的抗焦慮藥物及安眠藥，就是促進胺基丁酸的作用。

遺傳疾病杭丁頓氏舞蹈症，是伴隨有手腳不受控制的不隨意運動症狀，病因還不是十分清楚，但是目前已知這種病患的大腦基底核等之中胺基丁酸會明顯的減少。

♠ 麩醯胺酸與胺基丁酸

♥ 麩醯胺酸（興奮型）

- ·最普遍的興奮型神經傳遞物
- ·具有與記憶、學習有關的重要功能
- ·在調味料裡含有（胺基酸）

若麩醯胺酸減少

- ·會引起阿茲海默症、精神分裂症

若麩醯胺酸減少

- ·會引發癲癇

納豆的黏性物質聚麩胺酸（polyglutamic acid）是由許多麩醯胺酸相連而成的。

（lutamic acid,Glu）

♥ 胺基丁酸（抑制型）

- ·最普遍的抑制型神經傳遞物
- ·通稱GABA
- ·由麩醯胺酸生成
- ·具有鎮靜神經的興奮、緊張及不安的作用

胺基丁酸若減少

- ·會引起焦慮不安、睡眠障礙、憂鬱症、精神分裂症
- ·可能與遺傳疾病杭丁頓氏舞蹈症有關

Gamma(γ)
Amino
Butyric
Acid
GABA。

是取上面 4 個英文字的字頭，稱為

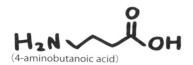

（4-aminobutanoic acid）

β 腦內啡是腦內麻藥

β 腦內啡（endorphin）是被稱為腦內麻藥的神經傳遞物，是人體內具有的類似嗎啡作用的物質。因為作用與鴉片成份嗎啡相同，所以得名。

類似嗎啡作用的物質（鴉片類胜肽Opioid peptide），另外還發現有腦素（enkephalin）等數種物質。

β 腦內啡是由31個胺基酸連結在一起所形成的，像這樣有2個以上胺基酸連結而成的神經傳遞物，稱為神經胜肽。

β 腦內啡主要是在感到疼痛或壓力時，由腦下垂體所分泌，會帶來欣快感，具有鎮痛作用。當長時間跑步時出現所謂的跑步者快感（Runner's High）就是因為 β 腦內啡的作用之故。另外，針灸造成的麻醉效果也與 β 腦內啡有關。

泡熱水澡、性行為、放鬆和大笑時，大腦都會分泌 β 腦內啡，讓人感覺舒服。

關於 β 腦內啡的作用，還有很多不明瞭的地方，目前已知過度分泌會有負面的作用。

因為 β 腦內啡會抑制型腺刺激荷爾蒙的分泌，所以若 β 腦內啡過多，有可能會造成生殖障礙。

♠ β 腦內啡

♥ β 腦內啡（腦內麻藥）

- ・體內擁有類似嗎啡作用的物質
- ・神經胜肽的一種
  （2個以上胺基酸相連在一起所形成）

♥ β 腦內啡的作用

欣快感、鎮痛作用
- ・跑步者的快感
- ・針灸麻醉
- ・泡熱水澡時
- ・性行為時
- ・放鬆時
- ・大笑時

♥ β 腦內啡過多

抑制型腺刺激荷爾蒙的分泌
↓
可能造成生殖障礙
- ・精子減少
- ・生理不順

哇哈哈

好可愛～

這就是分泌β腦內啡的舒服狀態。

孵化後10天

第4章

神經傳遞物和心靈

　　時而歡笑、時而哭泣、時而生氣、時而暴怒，這些情緒是因為有大腦神經傳遞物作用的結果。為什麼人們會有這麼多樣的情緒表現呢？我們一起來看看，神經傳遞物是如何運作而產生不同的心靈狀態。

孕育心靈的地方

　　大腦是在哪個部位產生心靈呢？

　　心靈包括知性、情感、情緒及意志。知性是指人類特有的心智高度活動，主要是由大腦新皮質所負責。

　　在大腦新皮質中，主要是由前額葉皮質區負責，產生其他動物所沒有的複雜心靈活動。人們的個性被認為與前額葉皮質區的作用有關。

　　若是前額葉皮質區有損傷，個性就會改變，或是變得無精打采、對事物無感，會缺少身為人類的知性與判斷力。

　　喜怒哀樂等情緒，稱作感情，是由大腦邊緣系統的活動所產生的。喜歡、討厭這些有關心情愉快的情緒，以及害怕、生氣的情緒，則是由杏仁核以及與記憶有關的海馬迴作用所產生。

　　與回報、快感及動力等欲望有關的，是位於大腦邊緣系統的伏隔核，與行為相關的欲望及動機，則由扣帶迴負責。

　　動物本能的食慾及性慾，是由間腦的視丘及下視丘產生，下視丘也是喜怒哀樂等情緒的中樞。下視丘會和杏仁核、大腦新皮質合作，分泌各種荷爾蒙來刺激自主神經運作，讓體內的環境能快速適應週遭的環境。

　　大腦各部位並非單獨運作，而是互相協調運作。尤其是大腦新皮質的前額葉皮質區，是理性地掌控這些機能的最高指揮官。

♠ 孕育心靈的地方

♥ 知性…大腦新皮質

前額葉皮質區
…掌控知性及情緒的最高指揮官
…若有損傷，個性會改變，缺乏判斷力

♥ 情感或情緒…大腦邊緣系統

杏仁核
…與喜歡、討厭、愉快及害怕等情緒有關
海馬迴
…與杏仁核合作，與帶有情緒的記憶有關

♥ 意志…大腦邊緣系統、間腦

伏隔核
…與欲望、動力有關
扣帶迴
…與欲望、動機有關
下視丘
…是喜怒哀樂等情緒中樞
…與食慾及性慾等本能欲望有關

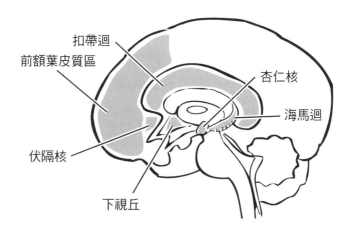

有的人總是很開朗，有的人容易發怒，人們具有與生俱來不同的個性。

依據日本字典的定義，所謂個性是「每個人特有的，在情感及意志層面的傾向與性質」。

目前已知個性與遺傳基因有關，但是影響個性的不是只有遺傳，成長過程的環境因素及經驗等，也有很大的關係。

個性與大腦的關係，還有很多部分尚未明瞭。由於大腦各部位的相互合作關係複雜，勢必就造就出人們不同的個性。

目前已知位於大腦新皮質的前額葉皮質區，具有重要的功能，可以理性的掌控大腦邊緣系統所產生的喜怒哀樂等本能情緒。

若前額葉皮質區損傷，人就會變得無精打采，對事物無感，失去了身為人類的思考、判斷、欲望及情感，個性便會跟著產生變化。

1848年在美國發生一起意外事故，當時鐵路工程主任Phineas P. Gage因為岩盤爆炸，鐵條貫穿他的前額葉皮質區。儘管保住了一條命，但是他雖然撿回一條命，個性卻全變了。本來他是極富責任感、溫厚又認真的人，但在發生事故後常常有任性行為，變成狂暴且翻臉如翻書的個性。

前面提到過，接受切斷前額葉皮質區神經的腦前葉白質切除術病患，會出現個性改變的症狀。

從這些例子來看，前額葉皮質區與個性有很大的關係。

♠ 掌控個性

- · 由遺傳因素和環境因素兩
  者所形成

- · 前額葉皮質區對個性具有
  重要的影響

> 個性是每個人所特有，為情緒及意志層面的傾向與性質。

♥ 前額葉皮質區損傷的個案

1848年美國
鐵路工程主任Phineas P. Gage
因為爆炸事故，鐵條貫穿前額葉皮質區
受了重傷，
雖然奇蹟的保住了一命，
但是原本溫厚的個性為之一變
變得狂暴且易怒。

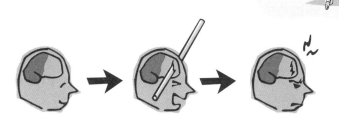

有些孩子到了青春期會無法控制情緒，會衝動的使用暴力，易怒。

但是，這樣的孩子，一段時間沒見，再見面時已長大，變得很安靜，令人誤以為是另一個人。

若要問為何會有這樣的變化？答案是與大腦的發育有關。

成人的大腦，喜怒哀樂等本能情緒都掌控在前額葉皮質區，若想衝動做些什麼，會受到理性控制。

但是，在青春期之前，大腦前額葉皮質區的發育尚未成熟，無法完全控制大腦邊緣系統的活動。

尤其是年幼的小孩，大腦邊緣系統的運作比較佔優勢，所以會隨心所欲的行動，若無法隨自己所願，就會無理取鬧。

到了青春期，尤其是男孩子，由於大量分泌男性荷爾蒙，男性荷爾蒙會增強大腦邊緣系統的作用，所以更加容易出現反抗的行為。

過了青春期，男性荷爾蒙的分泌會減少，大腦前額葉皮質區得到充分發育，所以可控制大腦邊緣系統所產生的本能衝動。

但是，並非所有孩子到了青春期都會暴怒。

前額葉皮質區是在父母的教養，朋友之間的交往，與各種人際關係之下發展而成。若並非都能隨自己所想的去做，偶爾必須忍耐，經過幾次體驗，前額葉皮質區就會發達起來。

因此，若沒有這樣的經驗，長大後前額葉皮質區的發育較不完整，變成容易暴躁的孩子。

♠ 暴躁的孩子

♥ 孩子容易暴躁的原因

・掌控情緒的前額葉皮質區尚未發育完成
・產生本能情緒的大腦邊緣系統的作用佔優勢

青春期的男孩子會大量分泌男性荷爾蒙，容易有抗拒的態度。

嘌！

小勇，吃飯了

忍耐……

成長！

有過多次的忍耐經驗，前額葉皮質區就會發育得較完整。

害怕、快樂等情緒
對生物來說是必要的

　　小時候，我最怕黑暗的地方。現在我看見蟑螂，還會反射性的轉身逃走，覺得不舒服。

　　吃好吃的東西時，就會有想要再吃的快感。吃得肚子飽飽的，有說不上來的滿足感。性行為也有同樣的快感。

　　動物所擁有的本能性情感，稱為情緒波動。

　　情緒波動可以分成感覺舒服的舒服情緒，和感到害怕、不安等不舒服情緒。舒服與不舒服兩類情緒都是在大腦邊緣系統的杏仁核所產生的。

　　動物會主動接近食物等喜歡的東西，這樣的接近行為是源自於舒服的情緒相當於人類的舒服感、喜悅及幸福感。

　　相反的，當遇到了蛇等天敵，動物會逃走或採取攻擊。這種逃避或攻擊行動是源自於不舒服的情緒，相當於人類的害怕、憤怒、憎恨、焦躁等情緒。

　　這種舒服、不舒服的情緒，對生物來說是生存不可或缺的。為什麼這麼說呢？因為會感到害怕及不舒服的地方，有時就是會帶來生命危險的地方。

　　相反的，吃好吃的東西，進行性行為，會感到快感，是因為吃東西和性行為是維持生命及繁衍子孫不可或缺的事。

　　對生物來說，避開有害的事，得到有益的事，是理所當然的。

　　前面討論記憶時，提及杏仁核所感受到的害怕、舒服及不舒服的記憶，會透過海馬迴優先轉成長期記憶而儲存。

♠ 舒服與不舒服

？

哇！

感覺不到害怕
↓
不逃跑
↓
生命有危險

感覺到害怕和不舒服，是生存所必須的。

感覺到害怕
↓
逃跑
↓
得救

切除杏仁核就不再害怕嗎？

害怕、舒服感與不舒服感等情緒，是由大腦邊緣系統的杏仁核所產生的，這是因為杏仁核裡，有對舒服感及不舒服感的反應神經元。

若對猴子的杏仁核給予電擊研究，結果得知在杏仁核裡面有只對喜歡的食物產生反應的神經元，以及對蛇等討厭的東西產生反應的神經元。因此，切除杏仁核的猴子會失去害怕的情緒，即使看到蛇不會逃，還可能抓蛇來咬。

切除杏仁核的公貓，還會和其他公貓或兔子等異種動物進行交配。

就是說，若是沒有了杏仁核，將會無法知道事物對自己的重要性。

這種症狀以2位發現學者的名字命名，稱為Kluber-Bucy症候群（Kluber-Bucy syndrome）。

目前已知人類的杏仁核出現異常，將難以解讀別人的臉部表情，尤其是難以解讀害怕、憤怒及厭惡等表情，無法了解對方到底是害怕還是憤怒，稱為皮膚黏膜類脂沉積症（Urbach-Wiethe disease）。

因為人類大腦新皮質發達，所以不會像其他動物只是單純的感到害怕、舒服及不舒服的感覺，所以人們會想看恐怖的事物而喜歡去看恐怖電影，或是去坐令人尖叫的雲霄飛車。

杏仁核所感受到的東西，會與過去體驗的記憶對照，再由前額葉皮質區作綜合判斷。

人類的恐怖，有時都能成為樂趣。

♠ 杏仁核
產生恐懼、不舒服的情緒

♥ 切除杏仁核的猴子

Kluber-Bucy症候群
- ・無法分辨恐怖及不恐怖的事物
- ・無法分辨能吃與不能吃的東西
- ・無法分辨性行為對象

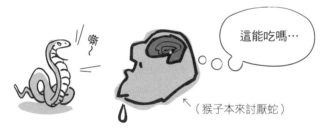

這能吃嗎…

（猴子本來討厭蛇）

♥ 杏仁核異常的人類

皮膚黏膜類脂沉積症（Urbach-Wiethe disease）
- ・難以解讀別人的臉部表情

不是都一樣嗎？

憤怒　厭惡　害怕

　　戀愛或單純的對同性或異性的喜歡、討厭，和下視丘及大腦邊緣系統的杏仁核的運作有關。

　　有句話說「氣味相投」，明明是初次見面的人卻像認識很久一樣，彼此情投意合。也有人剛好相反，在初見面的瞬間就打從心底不喜歡對方。

　　若要說為什麼會有這樣的感覺，這是因為本能的判斷喜歡、討厭的杏仁核所感受到的情緒。

　　但是，人類會考慮更複雜的因素來判斷。因為人類是由理性的大腦新皮質、前額葉皮質區來判斷喜歡與討厭。

　　例如，即使最初並不怎麼喜歡的人，在交往之後，會因為覺得對方溫柔又可靠，或是有相同嗜好，或是想法與價值觀類似，或是工作能力強，或是有錢等等，漸漸喜歡起對方。

　　這種對於剛開始見面時覺得合不來的對象，最後卻漸漸產生喜歡的感覺，就是因為有經過理性判斷的結果。

　　即使剛開始以本能判斷喜歡、討厭的杏仁核，做出討厭的判斷，綜合決定的前額葉皮質區仍可改變判斷為喜歡。

　　在電影裡，對於一同陷入性命危險等特殊體驗的人物，往往會產生感情，這種感情被視為是杏仁核強烈運作的結果。但在特殊情況下所衍生出的感情往往不會長久。

♠ 喜好、厭惡與大腦

第一印象是由大腦的杏仁核來做判斷！是屬於本能的喜好與厭惡。

好、好可愛

愛麗絲具有優勢

這位好像不太容易相處

你好

你好！

但是長期相處下來剩下的我來做吧

啊！謝謝

睡

綜合性判斷是由前額葉皮質區所做的。只有人類會做理性的喜好分辨。

啊！她在讀我想讀的書耶！

唉！這邊總是在看雜誌。

哼！

我才不是這樣呢！

逆轉！

那個這個

情投意合

害怕時
容易產生戀情嗎？

剛剛提到，對共同體驗生命危機經驗的同伴產生愛意，是因為杏仁核強力作用的結果。

在戀愛心理學上有個與這種作用相關的故事，稱為戀愛吊橋的理論。在堅固的吊橋上所遇見的對象人們沒什麼印象，但是卻對在搖晃的吊橋上所遇見的對象有好感。

在搖晃的吊橋上，會本能的感到害怕及不安，是容易讓心臟砰砰跳的場所。而當人們遇見有好感的異性時，心臟一樣會砰砰的跳，因此會將因感到害怕及不安的身體反應，誤以為是懷有好感。

另外有一種類似的心理反應，稱為斯德哥爾摩症候群。

1973年，在瑞典首都斯德哥爾摩發生銀行搶匪劫持人質事件，人質被害人對犯人產生好感，因而命名為斯德哥爾摩症候群。

一般來說該感到害怕和厭惡的犯人，卻抱有好感，這是因為，在感到極度害怕的情況下，對犯人有共同感受，抱持好感，在精神上比較輕鬆，比較安全。

因此，通常在事件解決之後，原來抱有好感的人，後來會對犯人產生憎惡的情感。

♠ 戀愛吊橋理論

在堅固吊橋上所遇見的對象，人們沒什麼感覺，反而會對在搖晃吊橋上所遇見的對象有好感。

因為對吊橋感到的不安及害怕而感到心臟砰砰跳，誤認為是戀愛時的心跳加速。

一見鍾情是因為費洛蒙嗎？

昆蟲及動物有一種氣味物質，會引起性行為等本能行動，稱為費洛蒙，一般認為人類並沒有這樣的反應。但是最近的研究指出，在人的鼻子深處似乎有感受費洛蒙的接受器存在，有報告指出人類有感受到費洛蒙的現象，包括以下數種。

一種是同居效應（住宿效應）。住在一起的女性，月經週期會趨於一致，目前已知這是因為女性腋下所分泌的物質會影響到其他女性。

另一種是，將數名男性連續穿兩天的T恤讓女性聞，所發現的現象。

女性比較喜歡與自己HLA型遺傳因子不同的HLA型男性味道，而會避開與自己相同HLA型的男性味道之傾向。

人類的體味是由HLA型來決定，可分辨自己與他人。

血緣關係越相近的人，HLA型越相似。之所以會本能的避開與自己HLA型相似的異性，是因為要避免近親結婚。生物會傾向於產生具有強壯生存能力的後代子孫。

♠ 費洛蒙

會引起性行為等本能行動的「氣味物質」

♥ 人類有費洛蒙？

同居效應（寄宿效應）

・同住在一起的女性，月經週期會趨於一致

分辨HLA型的能力

・女性可以用聞的分辨出男性的HLA型，與自己不同HLA型的男性產生好感
　〈避免近親結婚，以生出高生存能力的後代〉

HLA型是在白血球或細胞上的特殊蛋白質，是分辨異物的標誌。

同理心是鏡像神經元的作用

看電影時，不知不覺流下感動的眼淚。我們之所以會看到電影中與自己不相干的人和行動而感動，是因為具有理解他人立場的同理心。

在我們的腦中具有同理心的神經元，因此看到他人的行動會覺得就好像自己在做同樣的行動，就像照鏡子一樣，所以把這種神經元稱為鏡像神經元（mirror neuron）。

鏡像神經元是1966年，由義大利帕爾馬大學的研究團隊偶然間發現的。他們以電極刺激猴子的大腦，進行有關行為方面的研究，發現猴子看到研究者的行為時，猴子大腦會產生同樣行為。

例如研究者在猴子面前吃香蕉，猴子沒有吃香蕉，牠的大腦活動卻有吃香蕉的反應。

從這樣的現象來看，可推測鏡像神經元的作用，是在看到他人的行動而感到自己想要做相同的行動，例如孩子看到父母的行動而模仿，或是學習語言時的作用。

鏡像神經元的作用，使我們能夠理解他人的想法，具有同理心。

人類因為具有這種能力，而能夠達到複雜而深度的溝通。

關於鏡像神經元還有很多不明瞭之處，期待今後能有更進一步的研究發現。

♠ 鏡像神經元

♥ 鏡像神經元

看到他人的行動，會感覺好像是自己
在行動一樣的神經元。
宛如在照鏡子一樣，因而命名。

> 因為有鏡像神經元的
> 作用，人類才能了解
> 他人的心情，具有同
> 理心。

♥ 1966年義大利帕爾馬大學的研究

研究者在猴子面前吃香蕉
→猴子吃香蕉的大腦部位會產生反應

害怕與憤怒的機轉

最典型的不舒服情緒，就是害怕與憤怒。

動物遇到敵人時，必須決定是勇敢挑戰，還是趕快逃走。而接受挑戰等的攻擊行為，是伴隨著害怕與憤怒的情緒而產生。

害怕與憤怒，是因為大腦邊緣系統杏仁核和下視丘運作而產生的，被電極刺激杏仁核及下視丘的貓咪，會出現害怕與憤怒情緒。

杏仁核若感到害怕與憤怒，腦幹會分泌引起害怕與憤怒情緒的腎上腺素及正腎上腺素，到前額葉皮質區。

在感到害怕與憤怒時，心臟會砰砰跳、呼吸變快、冒冷汗，好像全身充滿了力氣，這樣的反應是因為交感神經的運作。

杏仁核感到害怕或憤怒時，會將感覺傳到下視丘，下視丘便會刺激自主神經系統的交感神經發揮作用。

結果，接收來自下視丘命令的交感神經，會分泌神經傳遞物正腎上腺素，促進心臟等器官發揮作用，以控制身體產生戰鬥或逃跑的反應。

同時，下視丘會驅動內分泌系統產生作用，分泌各種荷爾蒙，在血液中釋放腎上腺素與正腎上腺素，形成合成能量來源的葡萄糖。

在害怕情緒過後，心臟還會砰砰跳一段時間，就是因為這些荷爾蒙的關係。

♠ 害怕與憤怒

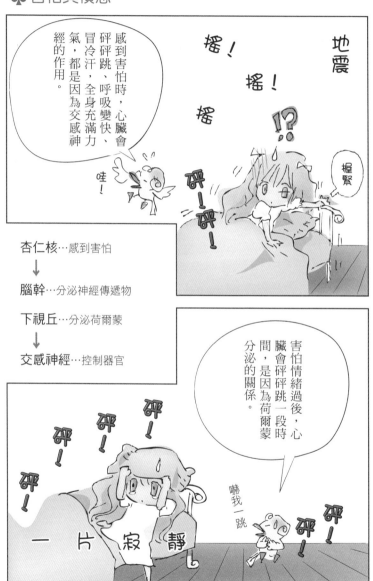

杏仁核…感到害怕

↓

腦幹…分泌神經傳遞物

↓

下視丘…分泌荷爾蒙

↓

交感神經…控制器官

憤怒與攻擊性的情緒

　　憤怒與攻擊性的情緒，以及隨之而來的行動，是動物所擁有的本能。

　　動物的攻擊是為了獲得食物，為了爭奪地盤，為了防禦，為了爭奪異性，還有為了保護孩子的母性攻擊等等。

　　前面曾經提過，憤怒與攻擊的情緒，是因為杏仁核作用而產生的。但是，因為大腦新皮質發達，前額葉皮質區會控制情緒，所以不會單純只產生憤怒與攻擊行為。而且，即使產生憤怒的情緒，也能夠抑制得住。

　　雖然如此，有時還是會無法抑制情緒，不自覺爆發怒氣的情形，就是一般所說的到了極限。小孩子很容易逼到極限，是因為前額葉皮質區尚未發達之故。

　　一般認為，攻擊性是與男性荷爾蒙（雄激素；androgen），以及神經傳遞物的腎上腺素、正腎上腺素、多巴胺、血清素等有關。尤其是腎上腺素及正腎上腺素，更與興奮、憤怒、害怕及不安有關。

　　目前已知，多巴胺的濃度越高越，具攻擊性。公鼠杏仁核中的多巴胺濃度就比母鼠高。杏仁核中的多巴胺濃度升高，是因為受到男性荷爾蒙的影響，因此一般來說，雄性比雌性更有攻擊力。

　　血清素會抑制多巴胺，具有抑制衝動行為及攻擊性的作用，因此若血清素不足，會增加焦慮感及攻擊性，容易憤怒。

♠ 憤怒與攻擊性情緒

♥ 憤怒與攻擊性情緒是動物本能

・為了獲得食物
・為了保住地盤
・為了防衛
・雄性之間的爭鬥
・為了保護孩子（母性）

不行！不行！
不行！
不可以生氣

忍

受前額葉皮質區控制 →
＝可以抑制怒氣

♥ 小孩容易生氣

不能忍

前額葉皮質區不發達 →
＝無法控制怒氣

攻擊性與男性荷爾蒙有關。

快感與喜悅從何而來

　　和喜歡的人在一起，吃好吃的東西，會有幸福的好心情。

　　這樣愉快及舒服的情緒，是大腦的哪個部位所產生的呢？

　　在老鼠的大腦給予電極刺激的實驗中，當老鼠壓下壓桿就會有電流流過，產生快感，結果發現老鼠會因此廢寢忘食，一直去壓壓桿。老鼠之所以廢寢忘食，就是因為感到快感。

　　實驗老鼠所受到刺激的部位，位於腦幹的腹側被蓋區（A10）神經核，這裡會分泌多巴胺，使大腦產生快感。

　　從腹側被蓋區延伸的神經纖維，會延伸到前額葉皮質區後側，稱為伏隔核的部位。伏隔核是聚集神經元的神經核，直徑約2mm左右，這個神經核與意志、動力有關。

　　刺激老鼠大腦的腹側被蓋區，會釋放多巴胺到伏隔核，伏隔核因為多巴胺，會產生快感。

　　一般認為，人類產生快感，大腦所產生的反應，和上面的老鼠實驗一樣。

　　從腹側被蓋區延伸出的神經纖維，會延伸到喜怒哀樂中樞的前額葉皮質區，在這裡釋放大量的多巴胺。當被人稱讚、達成目標、滿足好奇心等等人類可感受到特有喜悅的時刻，就是因為前額葉皮質區釋放多巴胺而產生快感。

♠ 快感與喜悅

前額葉皮質區

伏隔核

杏仁核　　腹側被蓋區
　　　　（A10神經核系列）

被人稱讚的喜悅，達成目標的快樂等，是因為前額葉皮質區釋放多巴胺而產生人類特有的快感。

哇啊！

真、真的？

哇！好靈巧！

戀愛為何會有幸福的感覺？

　　戀愛時，會產生與平常不一樣的精神狀態。心裡只想著戀愛對象，心兒砰砰跳，充滿說不上來的喜悅情緒，和喜歡的人在一起，就會有滿滿的幸福感。

　　之所以會有這樣的感覺，是因為大腦的腹側被蓋區（A10神經核系列）釋放多巴胺到伏隔核，前額葉皮質區也會放出多巴胺。

　　老鼠等動物也有腹側被蓋區，但是不像人類那樣發達。人類的多巴胺神經系統比較發達。正因為這樣，人類才會因為各式各樣的事物而感受到快樂，戀愛就是這種快樂來源之一。

　　人類以外的動物，有一段繁殖期，在繁殖期間性行為頻繁，這是為了要在容易養育後代的季節懷孕生子之故。

　　人類沒有繁殖期。關於人類沒有繁殖期的原因，有各種說法，其中是因為人類的前額葉皮質區發達，可以控制性慾，可以忍耐，因此產生期待的樂趣。

　　動物的性行為，目的是為了繁衍下一代，但是人類可以從性行為這件事感到喜悅與快樂，所以會對性行為這件事抱有期待。

　　這是因為只有人類的前額葉皮質區，以及分泌快樂的神經傳遞物多巴胺神經系統，比其他動物更為發達。

♠ 戀愛與多巴胺

♥ 人類沒有繁殖期

- 前額葉皮質區與多巴胺神經系統發達的結果，
  因此人類能夠控制性慾，有期待感

戀愛時會產生幸福的感受，是因為釋放出大量的多巴胺之故。

神經傳遞物是愛情靈藥？

　　有沒有可以讓特定對象產生愛情的物質呢？學者推測，可能是神經傳遞物升壓素（vasopressin）和催產素（oxytocin）兩種。這兩種都是由下視丘的腦下垂體所分泌的荷爾蒙，但在大腦則具有神經傳遞物的作用。

　　升壓素的荷爾蒙作用，可調整尿量和血壓，而催產素則有促使子宮收縮及母乳分泌作用。

　　從田鼠實驗研究可了解到，這兩種荷爾蒙在大腦的作用是神經傳遞物，與性行為及情感行動有關。

　　田鼠分為草原田鼠和美國田鼠兩種，草原田鼠終其一生行一夫一妻制的生活，但是美國田鼠的習性卻不是這樣。

　　研究這種差異所得到的結果，發現：草原田鼠的大腦，升壓素和催產素的作用較強。

　　大腦作用遭受阻礙的美國田鼠，卻無法發展出一夫一妻制的生活方式。

　　因此，專家推測這兩種荷爾蒙，會在田鼠伴侶配對形成時發揮作用，表示這兩種荷爾蒙可能具有加強愛情的作用。

　　催產素的荷爾蒙作用我們已知，女性會大量分泌，因此催產素與女性對孩子的母愛及幸福感可能有關。

　　但是，這兩種物質在人類身上，是否具有和田鼠同樣的作用，並不明確。

♠ 與愛情有關的神經傳遞物

♥ 腦下垂體後葉
   所分泌的荷爾蒙

・**升壓素**
　〈作用標的器官為腎臟及動脈〉
　在腎臟調節尿量
　在動脈促使血壓上升

・**催產素**
　〈作用標的器官為子宮及乳腺〉
　在子宮讓子宮收縮
　在乳腺促使母乳分泌

這兩個神經傳遞物因為「可能具有加強愛情的作用」而深受矚目。

荷爾蒙作用較強的草原田鼠，一旦找到固定的對象，就相守度過一生。

草原田鼠
Microtus Ochrogaster
一雄一雌配對的一夫一妻制，在哺乳類動物中不到3%

性慾的機轉

　　青春期的男生和女生，會變得突然在意異性，這是因為大腦產生性慾。

　　性方面的欲求，是由下視丘的本能腦，與前額葉皮質區的理性腦兩者所掌控。

　　就算產生性慾，也不會隨欲望任意行動，這是因為有前額葉皮質區發揮作用之故。

　　在下視丘之中，有數個與性慾及食慾有關的神經核，性方面的欲求主要是由其中兩個神經核發揮作用。

　　產生性行為欲望的，是在內側視交叉前區（medial preoptic area, MPOA），無論男女這都是第一性慾中樞，男性比女性約大2倍。從此點可知，男性的性慾比女性來得強。

　　內側視交叉前區，是由下視丘下方腦下垂體所分泌的性腺刺激荷爾蒙作用，而產生性慾。

　　實際進行性行為是第二性慾中樞的作用，此中樞的位置因男女性別而不同，男性是位於背內側核，女性則位於腹內側核。

　　有趣的是，第二性慾中樞很靠近與食慾有關的神經核，或是位於同一個位置。

　　男性的第二性慾中樞位於背內側核，是在飲食中樞的旁邊，而女性的第二性慾中樞就是飲食中樞。因此，有假設理論推測，性慾與食慾之間應該有很大關係。

　　男性若持續陷入飢餓的危機狀況，會因為想要產生後代子孫而促進性慾，而女性則會因為失戀而沒有食慾，或是胡亂大吃大喝，

是因為女性的性慾與食慾在大腦同樣的位置。

　　另外，感到性的快感，是因為多巴胺神經系統的腹側被蓋區（A10神經）釋放大量多巴胺到伏隔核及前額葉皮質區之故。

♠ 性慾的機轉

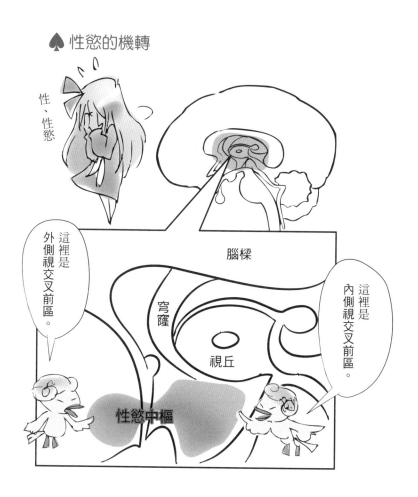

笑是人類特有的情緒表現

笑是人類才有的情緒表現，笑具有很多不同形式。

通常，快樂的時候、喜悅的時候、有趣的時候，心情舒爽的時候，人就會笑，但是為了取悅他人，有時並非心情好而笑，而是社交性笑容。

心情好的笑，是由判斷喜歡、討厭及舒服、不舒服的杏仁核及下視丘作用而產生的。

若是傳來好玩有趣等令人喜悅的訊息，杏仁核會產生愉悅舒服的感覺訊息，訊息傳遞到前額葉皮質區，在前額葉皮質區做出是否可以笑的最終判斷。

若是判斷可以笑出來，就會將訊息傳遞到深處的大腦基底核，刺激顏面神經產生笑的表情。

即使沒有杏仁核傳遞的愉悅訊息，前額葉皮質區還是可以強制做出笑的表情，這就是社交性笑容的由來。

笑的情緒受到副交感神經作用所產生，具有緩和緊張情緒的效果。同時大腦會釋放出 β-腦內啡（endophin）及多巴胺，讓人產生幸福感。

β-腦內啡又稱為腦內興奮劑，具有緩和疼痛、壓力，強化免疫力的作用。

笑對健康有好處，即使沒有特別有趣的事，有意識的產生笑容，或笑出聲音來，即使不感到好笑，也能得到笑的益處。

為了身心的健康，請多多展現笑容。

♠ 笑

杏仁核／下視丘…產生舒服的情感

↓

前額葉皮質區…判斷是否要展
　　　　　　　現笑容

↓

大腦基底核…刺激顏面神經
⋮

展現笑容

社交性笑容不需要杏仁核傳遞的愉悅訊息，是前額葉皮質區強制牽動顏面神經所造成的。

喔！自然的笑容！

帶著行李是做什麼呀！

第一次參加比賽呀！

笑會釋放β-腦內啡，促進身心健康

流淚可以解除壓力嗎？

眼睛為了防止乾燥及預防細菌入侵，經常會分泌淚液。切洋蔥時，灰塵跑進眼睛時，人們也會反射性的流淚。

在悲傷、感動、懊悔時，喜怒哀樂情緒高漲時，也會流淚，這種因情緒變化而流淚是人類特有的現象。

情緒變化而流淚，是受到前額葉皮質區及自主神經的支配，前額葉皮質區因為受到杏仁核傳來的喜怒哀樂刺激而起反應，將此訊息傳遞到腦幹，促使自主神經產生作用，引發流淚。其中悲傷及感動所流的淚，是因為副交感神經活動而產生的，而懊悔與憤怒時流的淚，是因為交感神經作用而產生的。

流淚與壓力之間具有很大的關係，許多人在情緒高漲時流淚，會覺得心情舒爽，這是因為流眼淚可以緩和壓力，讓人感到放鬆。

一般來說，在承受壓力的狀態下，交感神經的作用比較活躍，人體內會分泌稱為壓力荷爾蒙的皮質醇（cortisol）。

前額葉皮質區受到悲傷及感動影響時，副交感神經的作用較佔優勢，所以會流淚。副交感神經可以解除身體的緊張，有讓人放鬆的作用，結果帶來舒緩身心壓力的效果。

像這樣的情緒變化所流的眼淚，含有壓力荷爾蒙皮質醇，一起與淚水流出體外，因而可以舒解壓力。

哭泣行為可以幫助解放累積的緊張與壓力，具有安定情緒的效果。

　　或許有人覺得哭泣很丟臉，但是想哭時不要勉強忍住，偶爾痛哭一場對身體很有益處！

♠ 眼淚與大腦

杏仁核…產生悲傷的情緒

↓

前額葉皮質區…判斷是否要哭

↓

腦幹…副交感神經作用活化

↓

副交感神經…舒解緊張

⋮

流淚

壓力荷爾蒙會和淚水一起流出體外，所以哭過後心情會比較輕鬆。

情緒變化所流的淚，含有壓力荷爾蒙皮質醇，可以舒解壓力。

第5章

神經傳遞物和心理疾病

憂鬱症又稱為現代國民病，是因為壓力而導致神經傳遞物的效率降低。在這最後的第五章，要為大家解說憂鬱症、精神分裂症及躁鬱症等形成的原因，以及這些疾病的治療法。

不安是怎樣的情緒？

只要人活著，都難免會有不安的情緒，人們常常都是懷抱著不安及疑慮的感覺。

這種自然的不安感，稱為原始不安或是現實不安。人總有一天會死，所以活著本身就是不安的。

有人認為不安在人的成長過程中是必要的。金錢方面的不安、健康方面的不安、工作上的不安等等，若能克服這些不安，人們就可以獲得成長。

不安的情緒是人類特有的，一般認為其他動物會害怕，但不會有不安情緒。

害怕是因為對象很明確，如果對象消失，就不會再害怕，因此害怕的時間通常也比較短。

但不安以及造成不安的原因，有時很模糊，而且常常無法擺脫，所以不安可以說是沒有對象的害怕。

不安是任何人都可能會感受到的，但大部分都可以自行克服或控制，只要不安的對象或原因消失，不安就解除。

但是，不安感反覆出現，或是一直佔據在心裡，可能就會越來越嚴重，這就是所謂的病理性不安。這種病理性不安，稱為不安障礙（焦慮症），還有一種病理性的害怕，嚴重時稱為恐慌症。

♠不安

♥害怕
- ・對象很明確
- ・通常短時間會結束

♥不安
- ・對象模糊
- ・通常會拖很久

每個人都會有不安

↓

克服不安而獲得成長

這就是自然的不安感。

反覆出現不安感，一直持續

↓

病理性的不安

可能造成焦慮症或恐慌症。

什麼是焦慮症？

所謂焦慮症是一種不安障礙，就是反覆產生強烈的不安感，或是不安狀態持續很長時間，是一種精神疾病。

焦慮症分成急性與慢性。典型的急性焦慮症就像恐慌發作，會突然出現心臟跳動加速、呼吸困難等症狀。

慢性焦慮症稱為整體性不安障礙，讓人無法從莫名的強烈不安感中跳脫，通常會併發憂鬱症。

除了感到不安及害怕，還有強迫症、慮病症（hypochondria）及恐慌症。

強迫症病患會為了減少不安而反覆做同樣的事情，例如多次洗手還是覺得手髒，或是走出家門，卻怕忘記上鎖而回頭確認許多次等等。

身心症是指，沒有什麼特別的理由，卻懷疑自己似乎得了某種疾病，感到很不安。

恐慌症是指對特定的場所及物品感到不安、害怕，包括廣場恐慌症、社會恐慌症及特定恐慌症。

廣場恐慌症並不是發作在寬廣的場所，而是在陌生的公共場所會感到不安，由於心裡害怕擔心，連帶的造成恐慌症急性發作。

社會恐慌症就是害怕與人接觸的恐慌症，或是在人面前不知道該如何是好。

特定恐慌症是對高處或幽閉空間等特定場所、特定物品或動物感到不安與害怕。

♠ 焦慮症

反覆產生強烈的不安，持續很久

恐慌發作…突然出現心跳加速及呼吸困難等症狀

急性。

整體性不安障礙…莫名的強烈不安一直持續

慢性。

強迫症…為了減少不安而反覆做同樣的事情

身心症…懷疑自己似乎得了某種疾病，感到很不安

恐慌症…對特定的場所或事物感到不安

包括
廣場恐慌症、
社會恐慌症、
特定恐慌症。

好害怕

壓力是什麼感覺？

現代社會是壓力社會，要生存下去就要承受各式各樣的壓力。

壓力是在外部的刺激下所產生的傷害。例如，以手指壓住橡膠球，球會凹下去，這種造成壓力的外在刺激，稱為壓力點。

造成壓力點，有噪音及氣溫等物理性原因，有藥品等化學性原因，有因疾病及爭吵所造成的生理性原因，還有因為不安及人際關係所造成的心理性原因。

刺激加諸於身上，身體會產生想要恢復正常狀態的反應，這是因為身體裡有保持體內環境恆定的體內平衡（homeostasis）機制。

身體因為某些刺激而產生問題時，下視丘的自主神經系統會分泌荷爾蒙，促使腦下垂體運作，迅速導正體內所產生的不正常問題。

適度的壓力對身體而言是必要的刺激，如果沒有任何刺激，身體的適應能力會逐漸變弱。

但是長期承受過度持續的壓力，會讓身體無法恢復正常狀態，而失去身心的平衡，這樣一來會出現身體的症狀及憂鬱症等心理方面的症狀。

身體的症狀包括疲倦、倦怠感、頭痛、暈眩、胃潰瘍、下痢及食慾不振等，心理的症狀包括不安、抑鬱、焦慮及專注力降低等。

♠ 壓力

因為外部刺激而產生的傷害

♥ 壓力點

- 物理性⋯噪音、氣溫等
- 化學性⋯藥品等
- 生理性⋯生病、爭吵等
- 心理性⋯不安、人際關係等

因壓力而造成的刺激。

♥ 體內恆定

- 把壓力造成的傷害恢復正常的生理機制

♥ 長期承受過度持續的壓力

- 疲倦
- 倦怠感
- 頭痛
- 暈眩
- 胃潰瘍
- 下痢
- 食慾不振
- 不安
- 抑鬱
- 焦慮
- 注意力降低

身心失去平衡。

身體若承受壓力，壓力刺激會從杏仁核傳送到下視丘，下視丘會分泌荷爾蒙，使自主神經系統的交感神經促使腦下垂體運作，讓身體適應壓力。

但是，若長期處於慢性壓力下，下視丘會變得無法適應壓力。

交感神經為了讓身體可以因應緊急狀態，會加快心臟的跳動與能量的提供，因為有交感神經的刺激，使副腎髓質分泌壓力荷爾蒙，包括腎上腺素及正腎上腺素。控制交感神經的這些作用，雖然是副交感神經，但若因為壓力而導致交感與副交感失去平衡，就會造成自主神經失調症。

腦下垂體因為壓力而分泌副腎皮質刺激荷爾蒙，於是刺激副腎皮質分泌強力的壓力荷爾蒙皮質醇（cortisol）。

皮質醇是糖皮質激素（Glucocorticoid）的一種，具有可以讓血壓及血糖值上升，抑制免疫機能的作用。抑制免疫機能，是因為免疫機能所使用的能量都用來因應壓力。因此，當身體處於壓力之下，免疫機能會降低，而容易罹患疾病。

皮質醇分泌過多，會為大腦帶來負面影響，破壞與記憶有關的海馬迴神經元，因此長期處於壓力下，會造成海馬迴萎縮。

♠ 杏仁核

杏仁核若承受壓力

↓

下視丘…刺激自主神經發揮作用

↓

自主神經…交感神經作用

↓

副腎皮質…分泌腎上腺素、正腎上腺素

・加速心臟跳動
・血壓上升
・抑制腸胃活動

長期處於壓力下，會造成自主神經失調症。

↓

腦下垂體…分泌副腎皮質荷爾蒙

↓

副腎皮質…分泌皮質醇

・使血糖上升
・血壓上升
・免疫力降低

長期處於壓力下，會引起免疫力降低、海馬迴萎縮。

什麼是壓力症候群？

若承受強大壓力，可能會得到壓力症候群的症狀，具代表性的病症是適應障礙與心理創傷（PTSD）。

適應障礙是因壓力而併發憂鬱症及焦慮症，甚至妨礙日常生活的情形。

此時，身體會出現失眠、胃潰瘍、倦怠感、頭痛、心臟衰竭等症狀，這種因壓力而導致身體出現問題，就稱為身心症。

心理創傷的壓力症候群，是像大地震等災難、事故、虐待及戰爭等，承受了攸關性命的強大壓力而發病。這種心理傷害稱為心理創傷（trauma）。

發生事故後立刻發病，大約1個月即好轉，這稱為急性心理創傷，若是過了1個月症狀仍然持續，則稱為創傷後壓力症候群。

心理創傷是因為無法擺脫不安感及害怕，還會變得無精打采、無動於衷，或是會引發創傷重現（flashback）的噩夢。

就像前面所說的，目前已知，若承受強大壓力，會誘發心理創傷壓力症候群，產生壓力荷爾蒙皮質醇，會破壞海馬迴的神經元，使海馬迴萎縮。

有些人在幼兒期受到父母虐待，這種經驗會造成海馬迴萎縮，較可能形成強大壓力而造成的壓力症候群。

♠ 壓力症候群

因長期壓力而發病

適應障礙…會併發憂鬱症及焦慮症，妨礙日常生活

- 失眠
- 胃潰瘍
- 倦怠感
- 頭痛
- 心臟衰竭

會出現這些症狀。

急性心理創傷…因事故、災難、戰爭、虐待等，在強大壓力下發病

壓力

症狀會在1個月內好轉。

心理創傷壓力症候群…症狀持續1個月以上

- 不安感
- 害怕
- 無精打采、無動於衷
- 出現創傷情景一再重現的噩夢

稱為創傷重現。

不安的機轉

不安及害怕等情緒，是因為杏仁核的作用而產生的，杏仁核會將所感受到的不安刺激，傳遞到下視丘及腦幹。

下視丘接受刺激後，會命令自主神經及腦下垂體分泌腎上腺素、正腎上腺素、皮質醇等壓力荷爾蒙，讓身體可以因應壓力。

腦幹有神經核，神經核的神經元末稍可以釋放神經傳遞物。

神經核會將正腎上腺素、腎上腺素、血清素及多巴胺送入腦中，這4個被稱作單胺氧化鋶的神經傳遞物，再加上有抑制作用的 γ-胺基丁酸（GABA），都會破壞腦內的平衡，不安與害怕可能就是這樣所產生的。

一般認為，從腦幹的縫線核延伸出來的血清素神經核系列，若作用降低，容易感到不安及害怕。

血清素是具有複雜作用的神經傳遞物，在腦內具有抑制型的作用。血清素具有保持正常情緒的重要作用。

目前已知血清素及腎上腺素不足會造成憂鬱症。

正腎上腺素是由腦幹的藍斑核延伸出的正腎上腺素神經系統所釋放，正腎上腺素就是會引起不安及害怕的興奮型神經傳遞物，因此，若正腎上腺神經系統極度興奮，便會造成恐慌症（panic disorder）。

♠ 不安的機轉

杏仁核
接受不安的刺激

腦幹
正腎上腺素神經系統
腎上腺素神經系統
血清素神經系統
多巴胺神經系統
γ-胺基丁酸

下視丘

腦下垂體
正腎上腺素
腎上腺素
皮質醇

自主神經

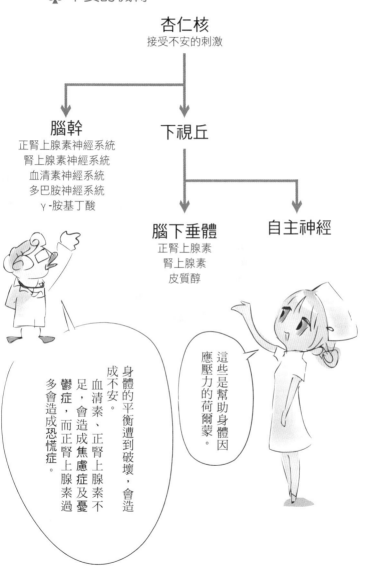

這些是幫助身體因應壓力的荷爾蒙。

身體的平衡遭到破壞，會造成不安。血清素、正腎上腺素不足，會造成焦慮症及憂鬱症，而正腎上腺素過多會造成恐慌症。

恐慌症是由正腎上腺素所引起的嗎？

恐慌症就像急性的焦慮症，會有突然心跳加速、呼吸困難、暈眩、發汗等症狀，嚴重的時候會害怕自己死亡。

恐慌症發生的原因還不是十分明確，但是有以下幾種有力的假設。

第一種是懷疑從腦幹藍斑核所延伸出來的正腎上腺素神經系統是否有異常興奮的情形。因為正腎上腺素會促進心臟跳動及呼吸，還會讓血壓升高，具有發汗作用。以電流刺激猴子的藍斑核，會出現和恐慌症一樣的症狀。

第二種是因為抑制正腎上腺素作用的血清素或 γ-胺基丁酸的作用變弱所引起。恐慌症的患者會無法擺脫害怕發作的不安感，叫做預期的不安。因此通常有一點不安就會成為導火線，使病情發作。

目前已知恐慌症的患者，呼吸中樞對二氧化碳的感受性較敏感，呼吸中樞若興奮，則會將刺激傳到藍斑核，而讓正腎上腺神經系統異常興奮。

運動所引起的呼吸混亂，或是心臟急速跳動等狀況，都有可能造成刺激，使病情發作。

♠ 恐慌症

會突然心跳加速、呼吸困難、暈眩、發汗等

這是兩個有力的假說。

♥ 原因假說

・因為正腎上腺素神經系統異常興奮
・血清素／γ-胺基丁酸的作用降低

♥ 預期不安

・擔心會再度發作

有時不安會成為再度發作的導火線。

強迫症是因為血清素不足嗎？

強迫症是一種焦慮症，這種疾病是因為人們為了消除內心的不安，而反覆重複同樣的行為，是一種強迫行為。

就像出了家門，卻擔心是否有關電燈，是否有關冷氣，是否大門有上鎖等等，而返回家裡好幾次。

另外還有特別在意某種觀念的情形。例如，有人曾因為某種異常的緣故，而討厭4這個數字。

美國有名的大企業家霍華德‧休斯，他對於細菌的強迫症廣為人知，他常常要洗好幾次手，對周遭的清潔到了異常神經質的地步。他晚年得到污穢恐慌症，因為害怕細菌感染而一直躲在房間裡，足不出戶。

雖然強迫症的發病原因尚未明確了解，但是研究學者認為應是大腦不安情緒的思考回路過度興奮，強化不安所致。

具體來說，在前額葉所產生的不安，是由大腦基底核的紋狀核、蒼白球、黑質核到中腦視丘所形成的迴路，受到強化所導致的。大腦基底核及視丘會將訊息傳到大腦中與運動有關的所有部位。

這種循環的異常現象，可能是因為紋狀體的血清素作用減弱所導致，使抑制訊息無法傳遞到視丘，造成視丘過度興奮的情形。

♠ 強迫症

焦慮症的一種
①為了消除不安，而重複同樣的事情
②過於在意特定的事物

①稱為強迫行為，而②稱為強迫觀念。

不安的思考迴路受到強化

循環不已呢！

前額葉

大腦基底核

視丘

焦慮症和壓力症候群的治療

　　治療焦慮症，必須要抑制大腦對不安的興奮，一般採取併用藥物療法，與心理諮商認知行為療法。

　　在藥物療法方面，通常使用抗焦慮藥物及抗憂鬱藥物。

　　認知行為療法要先確定造成不安及壓力的原因，針對原因做處理。例如，讓病患不要有極端負面思考等。

　　主要的焦慮症及壓力症候群的治療法有以下幾種。

●焦慮症（恐慌症）

　　一般認為，焦慮症的原因是，抑制正腎上腺素作用的血清素或γ-胺基丁酸的作用降低，因此，焦慮症的藥物療法是使用強化血清素或γ-胺基丁酸作用的抗憂鬱藥物及抗焦慮藥物，尤其是恐慌症的藥物療法效果更好。

　　另外，恐慌症通常還會併用認知行為療法，效果比較好。

　　精神療法採取分階段讓病患習慣不安的方法，可消除病人極端不安的想法。

●強迫症

　　因為強迫症跟憂鬱症一樣，是由血清素不足所引起，所以通常使用抗憂鬱藥物來治療。

　　更進一步還會使用認知行動療法。例如，練習忍耐，不要去做強迫行為，來對抗強迫的想法和不安感。

●心理創傷（PTSD）

一般壓力症候群和心理創傷壓力症候群（PTSD）通常會伴隨著焦慮症和憂鬱症狀，因此在藥物療法方面，多半使用抗焦慮藥物及抗憂鬱藥物。

另外，心理創傷產生壓力症候群時，在藥物療法的同時，也會併用減少心理創傷（trauma）的精神療法。

●恐慌症

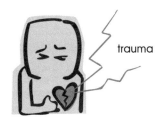

PTSD
心理創傷壓力症候群

恐慌症以精神療法治療最具效果，若伴隨有焦慮症及憂鬱症狀時，可使用抗焦慮藥物及抗憂鬱藥。

恐慌症的精神療法，以不同階段對抗引起恐慌的事物，慢慢放鬆恐慌的情緒，治療方式必須循序漸進。

抗焦慮藥物降低焦慮的機轉

針對焦慮症而研發的藥物，就是抗焦慮藥物。

抗焦慮藥物是靠著抑制大腦的興奮來減少不安，具有鎮靜、安眠、肌肉鬆弛作用，因此抗焦慮藥物和安眠藥、鎮靜劑、抗癲癇藥物、肌肉鬆弛劑幾乎是同樣的成份，以不同目的來選擇強效作用成分，有強催眠作用的就用做安眠藥物使用。

目前，主要的抗焦慮藥物是苯二酚類（benzodiazepine誘導體；BZD）。

苯二酚類藥物的化學結構，與benzodiazepine相同。若使benzodiazepine結構產生不同變化，就會有不同的作用，因此可以製造出各種藥物。

benzodiazepine的抗焦慮藥物的作用，是可以促進抑制型神經傳遞物γ-胺基丁酸的作用。

在神經元的細胞膜有與γ-胺基丁酸結合的接受器，這個接受器與γ-胺基丁酸結合時，會打開神經元細胞膜上的離子通道，讓氯離子流入，而讓神經元電位下降，抑制了興奮。

不可思議的是，在與γ-胺基丁酸結合的接受器上，還有苯二酚類的接受器，苯二酚與接受器結合，會讓γ-胺基丁酸更容易與γ-胺基丁酸接受器結合。

結果，神經元的興奮更加受到抑制。

目前還不知道為何γ-胺基丁酸接受器上，還有苯二酚類的接受器，因而推測人類大腦應該有很多苯二酚類的神經傳遞物。

♠ 藥物降低焦慮的機轉

苯二酚與位於 γ-胺基丁酸接受器上的苯二酚類
接受器結合

↓

讓 γ-胺基丁酸更容易與 γ-胺基丁酸接受器結合

↓

使氯離子容易進入神經元細胞內

↓

神經元細胞的內電位下降

↓

抑制大腦的興奮

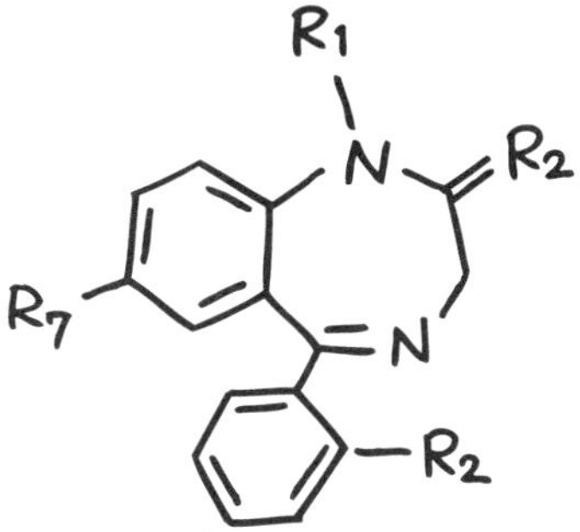

（Benzodiazepine a.svg）

主要的抗焦慮藥物

前面提到，目前抗焦慮藥物及安眠藥的成分，是以苯二酚類（benzodiazepine; BZD）為主流，有的苯二酚類藥物的催眠作用很強，必須由醫師開處方才能拿到。通常這一類藥物是以作用時間長短來分類，而時間長短的標準，是以藥物的血中濃度最高降至一半濃度的時間，稱為半衰期。

口服藥大約在服用後30分鐘到數小時，血中濃度可以達到最高，等血中濃度降到一半，這段時間稱為半衰期。半衰期可作為抗焦慮藥物的分類方式。

藥品有全世界通用的一般化學名稱，與研發製藥公司所取的商品名稱兩種，例如解熱鎮痛劑的阿斯匹林，一般化學名為水楊酸。

本書所提到的藥物以一般化學名稱為主，這樣會有藥品成分一樣，但販賣名稱不同，需要注意。

成分和效能相同的藥品（當新藥的專利到期，可由其他製藥公司製造相同成分的藥品）稱為學名藥。

學名藥幾乎不需要研發費用，價格很便宜。因此學名藥可說是一般藥品，在歐美，醫師開這類藥品的處方時，多半寫一般化學名，因此稱為學名藥。

♠ 苯二酚類（benzodiazepine）藥物

♥ 短效10小時以下
一般化學名／商品名

- etizolam Depas
- clotiazepam Rize
- flutazolam Coreminal

♥ 中效10～20小時左右
一般化學名／商品名

- lorazepam Wypax
- bromazepam Lexotan
- alprazolam Solanax / Constan

♥ 長效1～2天
一般化學名／商品名

- diazepam Cercine / Horizon
- medazepam Resmit
- chlordiazepoxide Balance / Control

♥ 超長效3天以上
一般化學名／商品名

- ethyl loflazepate Melax
- flutoprazepam Restas
- prazepam Sedapra

人人都有可能得到憂鬱症

憂鬱症是典型的精神疾病，由於前途混沌不明，社會令人不安，得到憂鬱症的人也越來越多。

從一項罹患憂鬱症的調查得知，日本大約是15～30人中有1人得到憂鬱症，女性比男性更容易得到憂鬱症。一般認為這是因為女性有月經、懷孕、更年期等女性荷爾蒙分泌失調的情形。

現在，日本一年有3萬人自殺，與憂鬱症有很大的關係。

當有悲傷或討厭的事情發生，人總有低落的心情，什麼都不想做，很難分辨只是單純的一時抑鬱、消沉，還是真正的憂鬱症。

一時的抑鬱與憂鬱症，最大的不同處在於，憂鬱心情持續的時間與生理症狀。

得到憂鬱症，會長時間（以2週以上為標準）幾乎每天總是憂鬱、心情沉重、不安、無精打采等。

在生理方面，會出現睡眠障礙、倦怠感、疲勞感、頭痛以及沒有食慾、性慾等身體症狀，有時只出現身體方面的症狀，因此若覺得生病，卻找不出生理上的原因，就可能是罹患了憂鬱症。

憂鬱症通常會併發其他精神疾病，例如壓力症候群、焦慮症、躁鬱症、精神分裂等，這些通常會與憂鬱症共存。

♠ 憂鬱症及抑鬱感

憂鬱症

· 會長期處在憂鬱情緒中
· 原因不明

抑鬱感

· 抑鬱的情緒會隨時間而消失
· 原因清楚

兩者是不一樣的。

♥ 憂鬱症的自覺症狀

憂鬱、心情沉重

對任何事情都不感興趣、提不起勁

對任何事都感到很乏味

思考力及專注力都降低

容易疲勞

睡不好、一陣子就會醒過來

焦躁不安

沒有食慾及性慾

不喜歡外出

早上身體狀況比下午更糟

難以擺脫腦海中的憂愁及不安

認為自己沒有價值

想要消失

你有這些症狀嗎？

罹患憂鬱症的原因

罹患憂鬱症的原因可分為三種。

第一種是因為其他疾病或服用的藥物所造成的，這種稱為生理性憂鬱症。會造成憂鬱症的疾病有：腦栓塞後遺症、更年期障礙、阿茲海默症及女性月經前後的心情低落等。

第二種是典型的憂鬱症，並沒有特別的理由，只是無法擺脫憂鬱的情緒，稱為內因性憂鬱症。

第三種是有壓力或悲傷的事情，或環境變化等直接原因所引起的，稱為心因性憂鬱症（外因性憂鬱症）。

一般認為，內因性憂鬱症的原因與壓力及不安等原因有關，但關連尚未明確。對壓力及不安的耐受性，或是個人原本的個性等，都可能是造成憂鬱症的原因。

例如，個性認真、責任感強的人，比較容易得到憂鬱症。

憂鬱症是憂鬱情緒持續的單一障礙，若憂鬱與焦躁狀態交替出現，就稱為躁鬱症。

躁鬱症的名稱會讓人誤解為憂鬱症的一種，但其實兩者是不同的疾病，治療方法也不同。以治療憂鬱症的方法來治療躁鬱症，反而會令病情加重，所以要能夠分辨這兩種不同的疾病。

♠ 三種憂鬱症

生理性憂鬱症…因其他疾病或服用的藥物所造成。

所謂其他的疾病是指…

腦栓塞後遺症、更年期障礙、阿茲海默症等。

內因性憂鬱症…沒有特別的理由，只是一直憂鬱

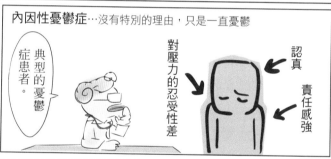

典型的憂鬱症患者。

認真

責任感強

對壓力的忍受性差

外因性憂鬱症…因壓力或悲傷的事情，或環境變化等所引起

工作

寵物死亡

人際關係

職務調動

家人過世

這些都不是說「加油」就能解決的事情。

憂鬱症與單胺類神經傳遞物

誘發憂鬱症的原因尚未完全明瞭，從研究得知，憂鬱症自殺者的大腦，或是憂鬱症治療的藥物，可能是由於神經傳遞物單胺類（monoamine）的功能降低所致。

單胺類是指神經傳遞物的正腎上腺素、血清素、多巴胺等物質。1個氮原子與2個氧原子結合的結構，稱為胺基，擁有1個胺基的就是單胺類。

其中正腎上腺素及血清素特別與憂鬱症有關。

學者懷疑單胺類是否與憂鬱症有關，是因為使用肺結核治療藥物iproniazid時，偶然發現對憂鬱症亦具有治療效果。

經過詳細研究，發現iproniazid有阻礙大腦單胺類分解酵素（分解單胺類的酵素）的作用。iproniazid會讓單胺類不被分解，使單胺類的分解受到抑制。

另外發現，服用高血壓治療藥物reserpine的病患，會出現憂鬱症狀，因而發現reserpine具有讓單胺類減少的作用。

從這些證據推測，單胺類的減少應是造成憂鬱症的原因之一。

但目前尚未了解單胺類神經傳遞物之中，究竟何者與憂鬱症有關。

研究憂鬱症自殺者的大腦，或是作用於正腎上腺素及血清素的藥物，發現由於正腎上腺素及血清素的量不足，無法充分發揮作用，於是造成憂鬱症。

♠ 單胺類

♥ 單胺類

有1個胺基（NH_2）的化學物質

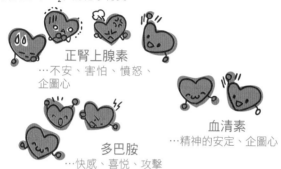

正腎上腺素
…不安、害怕、憤怒、
企圖心

血清素
…精神的安定、企圖心

多巴胺
…快感、喜悅、攻擊

♥ 單胺類假說

使用肺結核藥物「iproniazid」時，偶然發現亦具有
治療憂鬱症效果。

憂鬱症的治療

罹患憂鬱症，首先要弄清楚病因是什麼，因為造成憂鬱的原因有很多種。

若是其他疾病或服用的藥物所引起的生理性憂鬱症，可治療疾病，或停止服用藥物。

注意是否因躁鬱症、精神分裂症、焦慮症等其他精神疾患所引起。

若是心因性憂鬱症（外因性憂鬱症），重要的是盡可能去除誘發原因，要去除誘發原因，必須要改變生活環境，或是要充分休養，以減輕抑鬱感。做心理諮商也有效果。

如果是很難找到病因的內因性憂鬱症，一般則以藥物治療為主，必要時再併用精神療法來治療。

近年來研發出幾種對治療憂鬱症很有效的抗憂鬱藥物，但是若過度使用藥物，又會產生其他問題。

憂鬱症的原因及症狀因人而異，因此，必須找到適合個人的治療方式，才能做早期治療。找到值得信賴的主治醫師是最重要的。

完全治好憂鬱症，需要很長的時間，但是憂鬱症患者要有信心，要相信可以治好，不要焦急，耐心治療。

♠ 治療憂鬱症

①了解病因
　　生理性…改變造成憂鬱症的疾病治療、藥物
　　心因性…去除原因，併用藥物療法、精神療法
　　內因性…以藥物治療為主，併用精神療法

②接受最適合自己的治療法

③不要焦急，耐心治療

抗憂鬱症藥物的研發

　　前面曾提過，最早發現對憂鬱症有治療效果的是結核病治療藥物iproniazid，那是在1950年代的事。但是iproniazid會讓血壓升高，具有引起腦出血的嚴重副作用，所以不再使用。

　　在1950年代，接著發現了名為imipramine的抗憂鬱藥。研究imipramine對憂鬱症有治療效果的原因，發現是因為可增加神經傳遞物單胺類。

　　增加單胺類的機轉是這樣的，通常由神經元所釋放的單胺類，還會在入口附近（transporter，輸送口）再重新被吸收進入神經元。

　　imipramine比單胺類更快速與入口結合，蓋住入口，因此阻礙了單胺類的再吸收。

　　因為釋放出來的單胺類沒有被再吸收，使得突觸中的單胺類濃度升高。

　　後來陸續研發了幾種與imipramine類似的藥物，這些藥物的共同特徵是擁有3個環狀結構（苯環），所以稱為三環抗憂鬱藥物。初期的三環抗憂鬱藥物被分類為第一代抗憂鬱藥，後期的則被稱為第二代抗憂鬱藥。

　　但是，儘管三環抗憂鬱藥可提高突觸的單胺類濃度，可有效治療憂鬱病，但是卻有阻礙神經傳遞物乙醯膽鹼的作用。

　　乙醯膽鹼是自主神經中傳遞訊息的重要物質，與大腦的記憶和學習有關，因此若阻礙了乙醯膽鹼的作用，會導致自主神經的作用出現異常。

　　此外，副作用還包括口渴、便秘、姿勢性低血壓、排尿障礙、心跳加速、嗜睡、霧視等。

　　後來研發出比三環抗憂鬱藥副作用更少的四環抗憂鬱藥，四環抗憂鬱藥屬於第二代抗憂鬱藥。

♠ 抗憂鬱藥

三環抗憂鬱藥
(imipramine)

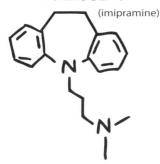

四環抗憂鬱藥
(Mirtazapine)

選擇性血清素再吸收抑制劑

　　三環、四環抗憂鬱藥物，有阻礙乙醯膽鹼作用的副作用，因此接下來所研發的藥不會作用在其他神經傳遞物，只作用於血清素。

　　這就是1988年所上市的百憂解Fluoxetine（Prozac®）。

　　百憂解是劃時代的抗憂鬱藥物，十分暢銷，所以其商品名百憂解Prozac的知名度勝過一般化學名。

　　百憂解只會阻礙神經元所釋放出之血清素再吸收，因此可單純提高血清素的濃度。

　　這種只會阻礙血清素再吸收的藥物，稱為選擇性血清素回收抑制劑（SSRI）。

　　這就是第三代的抗憂鬱藥物，日本是在1999年上市。目前日本所使用的選擇性血清素回收抑制劑有Luvox®（無鬱寧）、Depromel®（台灣無此廠牌藥品，同成分的為Lendormin®戀多眠）、Paxil®、Jzoloft®等。）

　　選擇性血清素回收抑制劑，只會作用於血清素，比以往抗憂鬱藥物的副作用都少。

　　主要的副作用有嘔吐、嗜睡、下痢，其他則偶爾發生血清素過多而引起血清素症候群。

♠ 選擇性血清素回收抑制劑的作用

SSRI

阻礙再吸收

血清素

接受器

選擇性血清素回收抑制劑是selective serotonin reuptake inhibitor。

取第一個字母，稱為SSRI。

血清素、正腎上腺素再吸收抑制劑

選擇性血清素回收抑制劑（SSRI），只提高血清素的濃度，但還是有服用了仍無精打采的人，所以接下來所研發的新藥是血清素與正腎上腺素回收抑制劑（SNRI）。

SNRI在日本於2000年取得許可，是目前所使用的最新一代抗憂鬱藥物。

這種藥物是阻礙血清素與正腎上腺素的再吸收，因此可以提高突觸血清素及正腎上腺素的濃度。

血清素與正腎上腺素回收抑制劑（SNRI）不僅可以減輕憂鬱症的症狀，副作用較少，比較容易讓人有精神。

血清素與正腎上腺素回收抑制劑（SNRI）屬於第四代抗憂鬱藥物。

現在日本所使用的第四代抗憂鬱藥物有商品名Toledomin®、Cymbalta®等。

這種藥和選擇性血清素回收抑制劑一樣，比第一代、第二代的副作用少，安全性高。

主要的副作用為嘔吐、嗜睡、下痢等，偶爾會出現血清素症候群。

♠ 血清素與正腎上腺素回收抑制劑（SNRI）

〜1950年代〜

結核病治療藥物iproniazid

發現對治療憂鬱症有效，但因為副作用嚴重而不再使用

這是抗憂鬱症藥物的發展歷史。

〜第一代、第二代抗憂鬱症藥物〜

三環抗憂鬱藥

單胺類再吸收抑制劑
有降低乙醯膽鹼作用的副作用

〜第二代抗憂鬱藥物〜

四環抗憂鬱藥

單胺類再吸收抑制劑
副作用比三環抗憂鬱藥輕微

〜1990年代
第三代抗憂鬱藥物〜

選擇性血清素回收抑制劑（SSRI）

阻礙血清素的再吸收

〜2000年代〜

血清素與正腎上腺素回收抑制劑（SNRI）

阻礙血清素與正腎上腺素的再吸收

什麼是精神分裂症？

　　精神分裂症（Schizophrenia），又稱為統合失調症，在台灣曾有一波正名活動。這是一種無法統合情感、思考及行為，在統合上產生障礙的精神疾病。據推測，100名日本人之中就有1人有此疾病，發病年齡以10幾歲後期到30歲之間發病較多。

　　症狀可分為陽性症狀與陰性症狀兩種。

　　最顯著的陽性症狀是幻覺和妄想。幻覺是指看到或聽到現實生活中所沒有的事物，尤其是幻聽的情形很常見，會聽到似乎有人說自己的壞話。妄想的情形如同被害妄想，會覺得似乎有人監視著自己，總是覺得發生了某些事情。

　　陰性症狀是指，缺少動力及情緒，對什麼事都無動於衷、無精打采，往往會有繭居在家的情形。

　　目前還不是很清楚精神分裂症的成因，但造成陽性症狀和陰性症狀的原因應該不同。

　　不管是哪一種，一般認為，容易罹患精神分裂的人，是受到環境、生活變化及壓力等刺激因而發病。

　　在大腦的功能性病因方面，尤其是陽性症狀，以多巴胺分泌過多而發病的假說為主。

　　由於興奮劑等增進多巴胺活性的藥物，會引起幻覺、妄想等和精神分裂相同的症狀，目前已知阻礙多巴胺的藥物，可以有效治療精神分裂症。

　　另外，造成陽性及陰性兩種症狀的假設，還包括神經傳遞物麩醯胺酸作用降低，以及前額葉或顳葉功能衰弱所致。

♠ 精神分裂症

在情緒、思考及行為三者產生障礙的精神疾病

陽性症狀…會產生幻覺、幻聽、妄想（主要是被害妄想）

陰性症狀…無動於衷、無精打采、繭居在家（缺乏動力及情緒）

誰在監視我？
誰說我的壞話？

幻聽

幻聽

幻覺

幻覺

精神分裂症顯著的陽性症狀。

精神分裂症的治療

　　精神分裂症的治療，一般是併用藥物療法與精神療法。藥物療法是指使用精神疾病藥物。醫界長久以來所使用的藥物，稱為典型抗精神病藥物，近年才剛開始使用，副作用較少的，稱為非典型抗精神病藥物。

　　前面所提到的精神分裂症陽性症狀，被視為多巴胺作用過度所導致。

　　典型抗精神病藥物，可與神經元細胞膜的多巴胺接受器結合，因而阻斷多巴胺的結合。

　　藥物作用情況較好的情形是，抗精神病藥物與多巴胺接受器結合，但不會引起類以多巴胺的作用，因而抑制多巴胺的結合。

　　但是，多巴胺不只關係到精神分裂症，由於整個大腦的多巴胺作用都會受到抑制，因此會出現多巴胺不足的副作用。

　　多巴胺不足時，會出現類以巴金森氏症的症狀，變得動作遲緩、手腳震顫。

　　其他還會出現心浮氣躁、無法安靜下來的症狀（錐體外徑症狀akathisia），以及部分肌肉扭曲的僵硬表情，脖子歪斜（肌肉張力障礙dystonia），嘴邊不自主蠕動（運動障礙dyskinesia）等。

　　非典型抗精神病藥物可以減少這些副作用，這種藥物在阻斷多巴胺結受體作用的同時，也阻斷特定的血清素接受器。

　　阻斷某些特定的血清素接受器，可以讓與精神分裂症無關的多巴胺正常運作，減少副作用。

♠ 抗精神病藥物

♥ 典型抗精神病藥物

· 阻斷多巴胺接受器
· 副作用強

一般名（商品名）

· Chlorpromazine（Contomin / Wintermin）
· Sulpiride（Dogmatyl /Abilit）
· Haloperidol（Serenace / Linton）

♥ 非典型抗精神病藥物

· 阻斷多巴胺接受器，同時也阻斷特定的血清素接受器
· 副作用低

一般名（商品名）

· Risperidone（RISPERDAL）
· Perospirone（Lullan）
· Quetiapine（Seroquel）
· Olanzapine（Zyprexa）
· Aripiprazole（Abilify）

什麼是躁鬱症？

躁鬱症（Bipolar disorder）又稱雙極性失調症。憂鬱症是屬於抑鬱感的單一性失調，躁鬱症則是交替出現焦躁狀態與憂鬱狀態，所以稱為雙極性失調症。每1000個日本人中約有4～7人罹患躁鬱症。

由於雙極性失調症稱為躁鬱症，很多人以為這是憂鬱症的一種，其實兩者是完全不同的疾病，治療方法也不同，若當成憂鬱症來治療，會有反效果。

躁鬱症病患在憂鬱狀態，會出現和憂鬱症一樣的症狀，而另一方面，當處於焦躁狀態時，會感覺病人心情很好，好像什麼都做得到。

焦躁狀態時，乍看之下會覺得沒有甚麼問題，但若是病態的焦躁，會有誇大妄想，或是太過份的言行舉止，為親朋好友帶來困擾。

焦躁期的病患，幾乎不睡覺、多話、無法持續做一件事、熱衷賭博、會向人借錢，導致破壞人際關係，失去社會信用。

躁鬱症焦躁狀態與憂鬱狀態出現的週期因人而異，有人甚至持續數年處於單一狀態。一般來說，憂鬱狀態有持續較長的傾向，輕微的焦躁症狀不會被查覺到，而被當成憂鬱症。

像這樣輪流出現憂鬱狀態與較嚴重的焦躁狀態，稱為第一型躁鬱症，輪流出現憂鬱狀態與較輕微的焦躁狀態，稱為第二型躁鬱症。

♠ 躁鬱症

焦躁狀態與憂鬱狀態輪流出現的雙極性失調精神疾病

第一型躁鬱症…輪流出現憂鬱狀態與較嚴重的焦躁狀態

第二型躁鬱症…輪流出現憂鬱狀態與較輕微的焦躁狀態

♥ 憂鬱狀態

・出現和憂鬱症
　一樣的症狀

♥ 焦躁狀態

・心情很好

・感覺什麼做得到

- - - - - - - - - - - - - - - -

・會有誇大妄想

・會有過份的言行舉止

・幾乎不睡覺

・聽不進別人的意見

・無法持續做一件事

・會買高價的東西

・熱衷賭博

・會向別人借錢

虛線以上是第二型躁鬱症。

躁鬱症的治療

　　形成躁鬱症的原因尚未明確，但是因為躁症和憂鬱是兩種完全相反的症狀，所以推測應是因為某種原因而使得神經傳遞物的作用輪流出現時強時弱的狀態。

　　前面說過，憂鬱時，表示血清素與正腎上腺素作用變弱，相反的，躁症時這些物質的作用變強。

　　有一說，之所以會形成這樣的症狀，可能是因為分泌神經傳遞物的神經元活動降低所造成的。

　　躁鬱症的治療是併用藥物療法與精神療法。

　　藥物療法方面主要是使用含有鋰的精神安定劑，因為鋰對躁症及鬱症雙方都有效果。

　　目前還不是很明瞭鋰對躁症及鬱症都能發揮效果的原因，推測應該是鋰具有可以抑制興奮型神經傳遞物的作用，因此具有調整神經傳遞物平衡的作用。

　　但是，鋰的副作用強，攝取過多可能會造成鋰中毒，因此服用時要注意監測血中鋰濃度。

　　鋰的主要副作用有下痢、口渴、頻尿、食慾不振、手發抖等，中毒會意識模糊，有時會造成昏睡狀態。

　　有時醫師會同時開抗憂鬱藥，但是可能因而使症狀惡化，所以必須多注意。尤其以為是得了憂鬱症而服用抗憂鬱藥物，症狀不但得不到改善，反而更加嚴重，就要懷疑是否罹患躁鬱症。

♠ 精神安定劑

含有鋰鹽，對躁症及鬱症都有效

一般名（商品名）

- 碳酸鋰（Limas）
- Valproate（Depakene / Valerin）
- Carbamazepine（Tegretol）

一般很難分辨躁鬱症和憂鬱症。

所以跟醫師討論很重要喔。

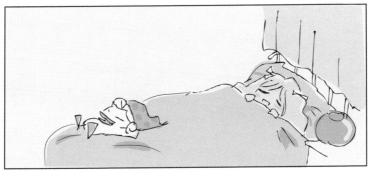

多巴胺（dopamine）
安非他命（Amphetamine）
扣帶迴（Cingulate gyrus）
自主神經
自主神經失調
自主神經系統
色胺酸（Tryptophan）
血清素（serotonin）
血清素與正腎上腺素回收抑制劑
（SNRI）
血腦障壁
住宿效應
戒斷症狀
抗焦慮藥物
抗精神病藥物
抗膽鹼作用
抑鬱感
杏仁核
男性荷爾蒙
身心症

八至十畫

性慾中樞
杭丁頓氏舞蹈症（Huntington's
disease）
空間的累積
長期記憶
長期增益效果（LTP）
長期壓抑
阿茲海默氏症（Alzheimer's
disease）
非陳述性記憶
促效劑（agonist）
前額葉
前額葉皮質區
威尼克區

拮抗劑（antagonist）
突觸間隙（synaptic cleft）
苯二酚類（benzodiazepine誘導
體；BZD）
恐慌症
恐慌症發作
時間的累積
海馬迴
神經元
神經衝動
神經胜肽
神經傳遞物
神經膠細胞（glial cell）
紋狀體
胼胝體
胺基酸（amino acid）

十一至十二畫

副交感神經
強迫行為
強迫症
強迫觀念
情節記憶
接受器
荷爾蒙
統合失調症
細胞本體
陳述性記憶
頂葉
創傷後壓力症候群（PTSD）
創傷重現（flashback）
單胺類（monoamine）
斯德哥爾摩症候群
普金耶細胞（Purkinje cell）
短期記憶
腎上腺素（adrenaline）

國家圖書館出版品預行編目資料

3小時讀通神經傳遞物 / 野口哲典作；
曾心怡譯. -- 初版. -- 新北市：世
茂，2014.03
　面；　公分. -- (科學視界；167)

　ISBN 978-986-5779-26-9(平　　裝)

1.腦部 2.神經傳導

394.911　　　　　　　　　　　103001210

科學視界 167

3小時讀通神經傳遞物

作　　　者／野口哲典
譯　　　者／曾心怡
主　　　編／陳文君
編　　　輯／張瑋之、余瑞芸、李芸、石文穎
出 版 者／世茂出版有限公司
負 責 人／簡泰雄
地　　　址／(231)新北市新店區民生路19號5樓
電　　　話／(02)2218-3277
傳　　　真／(02)2218-3239（訂書專線）、(02)2218-7539
劃撥帳號／19911841
戶　　　名／世茂出版有限公司
　　　　　　單次郵購總金額未滿500元（含），請加50元掛號費
世茂網址／www.coolbooks.com.tw
排版製版／辰皓國際出版製作有限公司
印　　　刷／祥新印製股份有限公司
初版一刷／2014年3月
　　二刷／2016年5月

I S B N／978-986-5779-26-9
定　　　價／300元

Manga no Wakaru Shinkei Dentatsu Busshitsu no Hataraki
Copyright © 2011 Tetsunori Noguchi
Chinese translation rights in complex characters arranged with SB Creative
Corp., Tokyo
through Japan UNI Agency, Inc., Tokyo and Future View Technology Ltd.,
Taipei

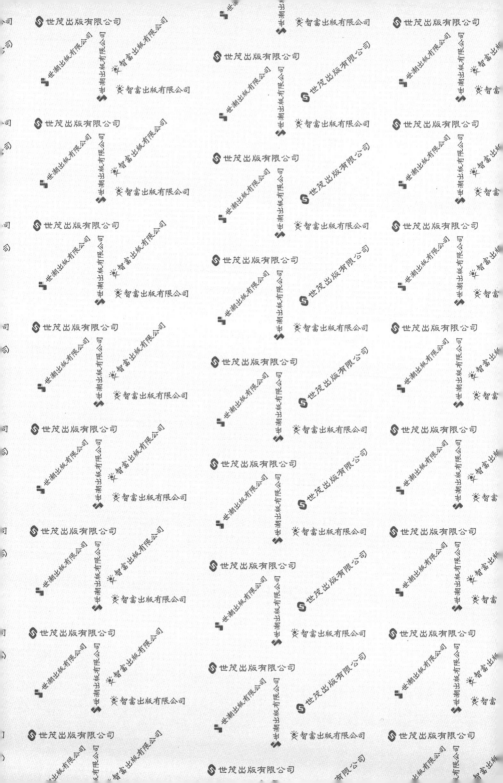